长江水环境监测网络运行体系构建与实践

中国环境监测总站　主编

中国环境出版集团·北京

图书在版编目 (CIP) 数据

长江水环境监测网络运行体系构建与实践 / 中国环境
监测总站主编 . —北京：中国环境出版集团，2023.2
ISBN 978-7-5111-5436-1

Ⅰ.①长…　Ⅱ.①中…　Ⅲ.①长江流域—水环境—
环境监测—监测网—研究　Ⅳ.① X832

中国版本图书馆 CIP 数据核字（2023）第 024804 号

出 版 人　武德凯
责任编辑　殷玉婷
封面设计　宋　瑞

出版发行　中国环境出版集团
　　　　　（100062　北京市东城区广渠门内大街 16 号）
　　　　　网　　　址：http：//www.cesp.com.cn
　　　　　电子邮箱：bjg1@cesp.com.cn
　　　　　联系电话：010-67112765（编辑管理部）
　　　　　　　　　　010-67112736（第五分社）
　　　　　发行热线：010-67125803，010-67113405（传真）
印　　刷　北京中献拓方科技发展有限公司
经　　销　各地新华书店
版　　次　2023 年 2 月第 1 版
印　　次　2023 年 2 月第 1 次印刷
开　　本　787×1092　1/16
印　　张　12.75
字　　数　258 千字
定　　价　79.00 元

编写指导委员会

主　任　陈善荣

副主任　陈金融　　刘廷良　　肖建军
　　　　　王锷一　　毛玉如　　郭从容

委　员（以姓氏笔画为序）
　　　　　王业耀　　付　强　　孙宗光
　　　　　李健军　　陈传忠　　温香彩

编写委员会

主　编　嵇晓燕　　王业耀　　杨　凯

副主编　王姗姗　　李文攀　　姚志鹏

委　员（以姓氏笔画为序）

王明翠	王姗姗	尤佳艺	白　雪
刘　允	刘　京	刘喜惠	许秀艳
孙宗光	阴美晓	李　波	李文攀
李旭冉	李晓明	陈　平	陈　鑫
陈文鹏	陈亚男	尚用锁	金小伟
侯欢欢	姜明岑	姚志鹏	贺　鹏
黄欣然	彭　丹	嵇晓燕	解　鑫

统　稿　嵇晓燕　　王姗姗　　尚用锁

前 言

　　长江是中华民族的母亲河，不仅滋养了广袤的中国大地，更孕育了璀璨悠久的华夏文明。近现代以来，由于我国经济的高速发展和不合理的生产生活方式，长江流域水环境问题日益突出。党的十八大以来，生态文明理念深入人心，人民对长江流域可持续发展的需求日益增长，保护长江，推进长江经济带绿色发展已成为长江流域乃至全国人民的热切期盼。对于长江流域水环境保护和治理，习近平总书记做出系列重要指示，党中央、国务院印发系列重要文件，各部委出台系列重大举措。2020年，我国第一部流域保护法《中华人民共和国长江保护法》颁布，对于保护长江全流域生态系统，推进长江经济带绿色发展、高质量发展具有重要意义。

　　作为长江水生态环境保护修复排头兵的水环境监测，经过多年的发展，在说清长江水环境状况及变化趋势、监控预警水环境潜在风险、保障生产生活用水安全等方面发挥了重要作用。但随着水污染防治工作向纵深发展、国家地表水环境监测事权上收等一系列环境管理措施的提出，也显现出一些需要及时解决的问题，如水环境监测网络仍需整合优化、监测运行模式亟待构建完善、水质考评方法也需统一规范等。

　　因此，本书在前期研究工作的基础上，构建了长江水环境监测网络运行体系。将原有的地表水环境质量监测网和重要江河湖泊水功能区合并优化调整，形成水资源、水生态、水环境"三水统筹"的长江水环境质量监测网络。建立自动监测与手工监测相结合的监测网络运行机制，规范了监测网络管理制度、监测技术、质量控制和数据审核等关键环节，涉及监测网络的"人、机、料、法、环"各要素。建立了覆盖样品采集、样品保存、样品运输、实验室分析、质量控制、数据传输和数据审核等全流程的技术规范和运行模式。以总磷前处理方式自动监测与手工监测相匹配和同一断面自动监测与手工监测数据融合成同一代表值等关键技术为突破口，实现自动监测与手工监测技术和监测数据的科学融合。监测数据主要用于水环境质量的考核评价，为实现以考核水环境质量为核心的目标，建立了相应的考核评价体系，主要包括评价方法、预警方法、考核方法和排名方法，对评价指标、统计方法、结果表征、预警方法、考核赋分、排名计算等方面进行规范。为长江水环境监测网络运行体系的规范化运行提供技术层面和管理制度上的重要支撑。

编者将长江水环境监测网络运行体系构建的相关实践进行总结并编著成书，供从事地表水环境监测评价、水污染防治工作的管理和技术人员，以及环境监测和环境科学专业的研究人员参考。本书中所有分项加和与占比数据由于单位取舍不同或修约而产生的计算误差，均未做机械调整。由于时间仓促，加之水平有限，书中难免存在不足之处，恳请读者批评指正。

编者

2022 年于北京

目 录

第 1 章

绪 论

长江是中华民族的母亲河，是中华文明的发源地之一，更是当代中国经济社会发展的重要命脉。长江流域涉及我国 19 个省（自治区、直辖市），流域面积约占国土面积的 1/5，生产了全国约 1/3 的粮食，创造了全国约 1/3 的 GDP，养育了全国约 1/3 的人口，蕴藏着我国约 1/3 的水资源和 3/5 的水能资源（经济可开发量），拥有我国约 1/2 的内河航运里程，是我国水资源配置的战略水源地、实施能源战略的主要基地、珍稀水生生物的天然宝库、连接东中西部的"黄金水道"，是改善我国北方生态与环境的重要支撑点。治理好、利用好、保护好长江，不仅关系长江流域 4 亿多人民的福祉，更影响到全国经济社会可持续发展的大局，其战略地位十分突出。

党的十八大以来，生态文明思想深入人心，人民对长江流域可持续发展的需求日益增长，共抓大保护和生态绿色发展已成为长江流域人民乃至全国人民的热切期盼。党中央、国务院高度重视长江大保护和长江生态修复工作，颁布印发了系列文件，并为长江保护制定相关法律。2014 年，国务院印发《关于依托黄金水道推动长江经济带发展的指导意见》，要求将长江经济带建设成为全国生态文明建设的先行示范带。2018 年，中共中央、国务院明确要求以"共抓大保护、不搞大开发"为导向，以"生态优先、绿色发展"为引领，依托长江黄金水道，推动长江上中下游地区协调发展和沿江地区高质量发展。2019 年，生态环境部、发展改革委联合印发《长江保护修复攻坚战行动计划》，将长江保护修复作为生态环境部污染防治七大专项行动内容之一。2020 年，我国第一部流域保护法《中华人民共和国长江保护法》颁布，将保护长江上升到法律高度，对于保护长江全流域生态系统，推进长江经济带绿色发展、高质量发展具有重要意义。

1.1 长江流域概况

长江流域是指长江干流和支流流经的广大区域，横跨中国东部、中部和西部三大经济区的 19 个省（自治区、直辖市）。长江是中国第一大河，世界第三大河，流域总面积为 180 万 km^2，占中国国土面积的 18.8%。

1.1.1 长江流域基本情况 [①~②]

长江发源于"世界屋脊"——青藏高原的唐古拉山脉各拉丹冬峰西南侧，自西向

---

① 陆孝平，富曾慈. 中国主要江河水系要览 [M]. 北京：中国水利水电出版社，2010.

② 《中国河湖大典》编纂委员会. 中国河湖大典（长江卷上下）[M]. 北京：中国水利水电出版社，2010.

东横贯中国中部，数百条支流四方辐辏。长江干流全长超 6 300 km，流经青海省、西藏自治区、四川省、云南省、重庆市、湖北省、湖南省、江西省、安徽省、江苏省和上海市 11 个省（自治区、直辖市），长江支流伸展到甘肃省、贵州省、陕西省、广西壮族自治区、河南省、浙江省、广东省和福建省 8 个省（自治区），于上海市崇明岛汇入东海。长江干流自宜昌市以西为上游，长约 4 504 km，流域面积约 100 万 km²，其中江源市至宜宾市称金沙江流域，长约 3 464 km，宜宾市至宜昌市河段均称川江，长约 1 040 km；宜昌市至鄱阳湖口为中游，长约 955 km，流域面积约 68 万 km²；鄱阳湖口至长江入海口为下游，长约 938 km，流域面积约 12 万 km²。

长江干流通称长江，但各河段名称叫法不同（表 1-1），自西向东，从江源至当曲河口称沱沱河，当曲河口至青海省玉树县的巴塘河口称通天河，巴塘河口（青海玉树直门达）至宜宾市岷江河口称金沙江，岷江河口宜宾市以东至入海口始称长江，其中宜宾市至宜昌市俗称川江，湖北省枝城至湖南省城陵矶河段称荆江（该河段以藕池口为界又分为上荆江和下荆江），流经江西省九江市北一段称浔阳江，流经江苏省镇江至长江入海口河段称扬子江。

表 1-1　长江上、中、下游划分

分段	河道	起讫地点	长度 /km
上游	沱沱河	江源至囊极巴陇（当曲河口）	346
	通天河	当曲河口至玉树（巴塘河口）	828
	金沙江	巴塘河口至宜宾（岷江河口）	2 290
	川江	宜宾至宜昌（南津关）	1 040
中游	长江	宜昌（南津关）至鄱阳湖口	955
下游	长江	鄱阳湖口至长江入海口	938
长江全长		江源至长江入海口	6 397

根据《长江流域地图集》[①]所划定的范围，长江流域北以巴颜喀拉山、西倾山、岷山、秦岭、伏牛山、桐柏山、大别山、淮阳丘陵等与黄河、淮河流域为界；南以横断山脉的云岭、大理鸡足山、滇中东两向山岭、乌蒙山、苗岭、南岭等与澜沧江、元江（红河）、珠江流域为界；东南以武夷山、石耳山、黄山、天目山等与闽浙水系为界；长江源头地区的北部以昆仑山与柴达木盆地内陆水系为界；西部以可可西里山、乌兰乌拉山、祖尔肯乌拉山、尕恰迪如岗雪山群与藏北羌塘内陆水系为界；南部以唐古拉

---

① 水利部长江水利委员会 . 长江流域地图集 [M]. 北京：中国地图出版社，1999.

山与怒江流域为界；长江三角洲北部，地形平坦，水网密布，与淮河流域难以分界；通常以通扬运河附近的江都至栟茶公路为界；长江三角洲南部以杭嘉湖平原南侧丘陵与钱塘江流域为界。

1.1.2 长江流域水系分布

长江水系发达，由 7 000 多条大小支流组成，河长超过 1 000 km 的支流有 8 条，分别为雅砻江、大渡河、嘉陵江、乌江、沅江、湘江、汉江和赣江等，多年平均流量超过 1 500 m^3/s 的支流主要有雅砻江、岷江、嘉陵江、乌江、沅江、湘江、汉江和赣江等。长江汇入中下游平原地区后，除长江河道本身及两岸众多支流外，众多湖泊星罗棋布地点缀在长江两岸，与长江水体密切相连，也被称为通江湖泊。

长江支流流域面积为 1 000 km^2 以上的河流有 463 条；流域面积 1 万 km^2 以上的支流有 49 条，主要有岷江、赤水、沱江、嘉陵江、乌江、汉江、雅砻江、湘江、沅江、赣江和清江等；流域面积 8 万 km^2 以上的支流有 8 条，分别为雅砻江、岷江、嘉陵江、乌江、沅江、湘江、汉江和赣江[①]。

长江流域现有面积大于 1 km^2 的湖泊约 760 个，总面积约 17 093.8 km^2，约占全国湖泊总面积的 21%。湖面面积大于 10 万 km^2 的有 125 个，其中大于 100 km^2 的有 34 个，主要为鄱阳湖、洞庭湖、太湖、巢湖、洪湖、梁子湖和西凉湖等。

长江江源水系、通天河水系、金沙江水系、川江水系统属长江上游水系；长江干流宜昌至鄱阳湖湖口属于长江中游水系，包括洞庭湖、汉江、鄱阳湖三大水系和江汉湖群水系，以及汇入长江的众多中小一级支流；鄱阳湖湖口至上海市长江口 50 号灯浮为长江下游水系，长江下游水系主要包括华阳河、皖河、水阳江、青弋江、漳河水系、滁河、巢湖水系、太湖水系及黄浦江水系，以及巢湖、太湖、龙感湖、大官湖、黄湖、泊湖及皖南湖群等湖泊[②]。

1.1.3 长江流域主要河湖[③~④]

长江流域河流众多，湖泊星罗棋布，众多"长江之最"的河湖点缀沿线，如长

---

① 陆孝平，富曾慈.中国主要江河水系要览 [M].北京：中国水利水电出版社，2010.

② 《长江志》编纂委员会，长江水利委员会水文局.长江志（第一篇 水系）[M].北京：中国大百科全书出版社，2003.

③ 《长江志》编纂委员会，长江水利委员会水文局.长江志（第一篇 水系）[M].北京：中国大百科全书出版社，2003.

④ 中国水利水电出版社.中国江河湖泊 [M].北京：中国水利水电出版社，2019.

江最大的支流——雅砻江，长江水量最大的支流——岷江，长江流域面积最大的支流——嘉陵江，长江上游右岸最大的支流——乌江，世界上最大的水利枢纽工程——三峡，长江中下游最大的支流——汉江，中国第一大淡水湖——鄱阳湖，长江最下游的支流区域——太湖。

（1）雅砻江

雅砻江又名若水、打冲江、小金沙江，是长江最大的支流，发源于青海省玉树藏族自治州称多县，于攀枝花市倮果河口汇入金沙江。雅砻江全长超 1 600 km，流域面积约 13 万 km²（网查与著作数据稍有差距，改为约数，下同），落差约 3 880 m，流经青海省、四川省的 4 个市（州）17 个县。雅砻江落差大、水流急、峡谷礁滩多，水能资源丰富，全流域理论蕴藏量超 3 300 万 kW。

（2）岷江

岷江是长江水量最大的支流，正源为大渡河，发源于青海省、四川省边境的果洛山，于宜宾市汇入长江，但长期习惯将大渡河视为岷江右岸一级支流。自大渡河源头起算，岷江干流全长超 1 200 km，流域面积超 13 万 km²，落差约 4 208 m，流经青海省、四川省的 2 个市（州）23 个县。岷江上有著名的都江堰水利工程。

（3）乌江

乌江古称延江、黔江，是长江上游右岸最大的支流，发源于贵州省威宁县香炉山花鱼洞，于重庆市涪陵区汇入长江。乌江全长超 1 000 km，流域面积约 8.79 万 km²，落差约 2 124 m，流经贵州省、云南省、重庆市和湖北省 4 个省（直辖市）56 个县，主要支流包括六冲河、猫跳河和清水江等。乌江水力资源丰富，是全国十大水电基地之一。

（4）嘉陵江

嘉陵江是长江流域面积最大的支流，发源于陕西秦岭山脉代王山南侧的东峪沟，于重庆市朝天门汇入长江。嘉陵江全长超 1 100 km，流域面积约 16 万 km²，落差约 1 770 m，流经甘肃省、陕西省、四川省、重庆市 4 个省（直辖市）7 个市（州）26 个县。其中，流域面积超过 1 000 km² 的一级支流有 12 条，西汉水、白龙江、渠江和涪江的流域面积超 1 万 km²。

（5）三峡河段

长江三峡是瞿塘峡、巫峡和西陵峡三大峡谷的总称，西起重庆奉节县白帝城，东至湖北宜昌市南津关，全长约 193 km。世界上最大的水利枢纽工程——三峡水利枢纽坝址即位于西陵峡三斗坪。三大峡谷各具特色，瞿塘峡雄伟险峻，巫峡幽深秀丽，西陵峡滩多水急，两岸陡峭连绵的山峰，一般高出江面 700～800 m，江面最狭处有 100 m

左右。

（6）汉江

汉江是长江中下游最大的支流，发源于陕西秦岭南麓，于湖北武汉市龙王庙汇入长江。汉江全长超 1 500 km，流域面积超 15 万 km²，落差约 2 104 m，流经陕西省和湖北省的 9 个市（州）36 个县。流域水系发育呈叶脉状，中上游的丹江口水库是南水北调中线工程的水源地。

（7）鄱阳湖水系

鄱阳湖水系以鄱阳湖为汇集中心，包括赣江、抚河、信江、饶河、修水五大水系和环湖入湖河流。鄱阳湖，古称彭蠡、彭蠡泽、彭泽，是中国第一大淡水湖。众多来水汇聚于鄱阳湖，经调蓄后于江西湖口县汇入长江。鄱阳湖流域面积 16.21 万 km²，流域面积在 100 km² 以上的河流有 457 条。

（8）太湖水系

太湖流域是长江最下游的一个支流区域，流域面积 3.69 万 km²，流经江苏省、浙江省、上海市和安徽省的一小部分。太湖是我国第三大淡水湖泊，流域内水面率达17%，河流和湖泊各占一半。太湖水系河网纵横，习惯上以太湖为中心，分上游、下游两个系统，上游为浙西、湖西山区水系，有苕溪、南溪等径流入湖。下游主要为平原河网水系，北部有长江水系，东南部有黄浦江水系，南部为沿杭州湾水系。京杭大运河纵贯流域北部和东南部，调节沿江水系和太湖之间的流量。

1.2 长江水环境监测发展历程

1.2.1 目的和意义

水环境监测是指为了适时了解水体水质现状，掌握水体水质的变化规律，采用物理、化学和生物学等分析技术对地表水体和地下水体的质量进行分析和评价的过程。水环境质量监测的目的是对进入江、河、湖、库等地表水体的污染物质及渗透到地下水中的污染物质进行监测，以掌握水质现状及其发展趋势，为国家政府部门制定环境保护法规、标准和规划，全面开展环境保护管理工作提供有关数据和资料，同时也为开展水环境质量评价、预测预报及环境科学研究提供基础数据和手段。

长江水环境监测旨在通过对长江流域主要水体的物理指标和化学指标进行常规例行监测，提供代表水环境质量现状的数据，对数据进行定性、定量和系统的评价与综合分析，以探索研究水环境质量的现状及变化规律；监控水质变化趋势，预警水环境潜在风险，保障生产生活用水安全；为制定水环境保护法规、标准和规划，全面开展水环境管理工作提供数据和资料支撑。

1.2.2　发展历程

我国水环境监测始于 1973 年，1991 年开始组建国家地面水环境监测网，由 135 个监测站组成，按照每年丰水期、平水期、枯水期每期监测 2 次的频率开展例行监测工作，并编制地表水质量监测季报和年度报告。1993 年，由卫生部门负责的全球环境监测系统（GEMS）移交给环保系统，武汉市环境监测站、济南市环境监测站、广东省环境监测站和无锡市环境监测站分别承担 GEMS 在长江、黄河、珠江和太湖的水质监测工作。1994 年以后，为了加强流域环境管理，组建了长江暨三峡生态环境监测网，淮河流域、海河流域、辽河流域环境监测网，太湖流域、滇池流域环境监测网等。2003 年，新建和调整了全国各流域的监测断面（以下简称"断面"），七大水系及太湖、滇池、巢湖共设立了 759 个断面，初步形成国家流域水环境监测网，监测频率由每年 3 个水期增至每月监测 1 次，并增加编制流域监测月报。1999 年开始，为了实时监控地表水体的环境质量、发挥实时监视和预警功能，开展了地表水质自动监测站的试点工作，至"十一五"末，组建了包括 100 个水质自动监测站的流域水环境质量自动监测网。2012 年，在初步构建的国家流域水环境质量监测网的基础上进行了优化调整和建设，流域水环境质量手工监测网在七大流域基础上增加了西南诸河、西北诸河和浙闽片河流，形成了包括十大流域和"三湖"在内的 972 个断面的国家水环境监测网络。流域水环境质量自动监测网也进行了扩充，至"十二五"末，建成了 300 个水质自动监测站[①]。

"十三五"开始，为配合《水污染防治行动计划》的实施，使国家对监测断面评价、考核和排名统一，将流域水环境质量手工监测网和重点流域水污染防治规划水体环境质量手工监测网进行融合、优化、调整和扩充，建立了包括 2 050 个国家考核断面的涉及十大流域和"三湖"的国家地表水环境质量监测网。同时，在符合建站条件的断面尽量多地建设水质自动监测站，共计建设了 1 881 个水站。形成以自动监测和手工监测相结合的国家流域水环境质量监测网，并开始将地表水环境质量监测事权上收国家。

"十三五"期间，长江流域设有 714 个国家地表水考核断面（以下简称"国考断

---

① 嵇晓燕，刘廷良，孙宗光，等.国家水环境质量监测网络发展历程与展望[J].环境监测管理与技术，2014，26(6): 1-8.

面");包括省界断面 72 个,市界断面 105 个,县界断面 3 个。其中河流断面 596 个,湖库点位 118 个,涉及长江流域、太湖流域、巢湖流域、滇池流域的 318 条河流和 39 座湖库。596 个河流断面中,长江干流设置 59 个断面,其中青海省段称通天河,四川省和云南省段称金沙江;一级支流设置 250 个断面,涉及湘江、乌江、汉江、汩罗江、岷江等 125 条河流,一级支流覆盖率为 56.8%;二级支流设置 171 个断面,涉及酉水、夫夷水、清水江、水阳江、浏阳河等 105 条河流,二级支流覆盖率为 48.8%;三级支流设置 50 个断面,涉及孔目江、通口河、大富水、花垣河等 40 条河流;四级及以下支流设置 5 个断面,涉及湍河、前河、任市河、梭磨河和羊昌河 5 条河流;出入湖河流 46 个断面,涉及西苕溪、梁溪河、大浦港、苏东河等 36 条河流;独流入海河流 3 个断面,涉及通启运河、海盐塘和长山河 3 条河流。

"十三五"时期长江流域断面(点位)各流域数量见表 1-2。

表 1-2 "十三五"时期长江流域断面(点位)各流域数量

单位:个

所属流域	河流断面数	湖库点位数	合计
长江流域	512	83	595
太湖流域	58	17	75
巢湖流域	14	8	22
滇池流域	12	10	22
总计	596	118	714

"十三五"时期长江流域断面(点位)各省(自治区、直辖市)数量见表 1-3。

表 1-3 "十三五"时期长江流域断面(点位)各省(自治区、直辖市)数量

单位:个

序号	所属省(自治区、直辖市)	河流断面数	湖库点位数	合计
1	青海省	1	0	1
2	西藏自治区	1	0	1
3	云南省	31	12	43
4	四川省	77	2	79
5	贵州省	28	3	31
6	重庆市	47	1	48
7	甘肃省	2	0	2
8	陕西省	12	2	14

序号	所属省（自治区、直辖市）	河流断面数	湖库点位数	合计
9	河南省	9	3	12
10	湖北省	106	24	130
11	湖南省	64	14	78
12	江西省	68	19	87
13	安徽省	47	19	66
14	江苏省	51	18	69
15	上海市	22	1	23
16	浙江省	30	0	30
	总计	596	118	714

1.3 长江水环境监测网络存在的主要问题

长江水环境监测网络随着多年的建设、升级和优化，已能初步掌握长江流域的水环境质量状况和变化趋势，在支撑国家水污染防治和水环境管理中发挥了重要作用。但随着水污染防治工作向纵深发展、国家地表水环境质量监测事权的上收等一系列环境管理措施的提出，也显现出一些需要及时解决的问题。

（1）网络布设

长江流域范围广，横跨中国东、中、西部19个省（自治区、直辖市）。目前的水环境监测网络在国家级自然保护地、重大调水输水水源地、重要水体的源头区、河口区，以及跨省界、市界水体等重要水体和关键水体监测断面（点位）覆盖仍有不足。且随着机构改革后，水功能区监测职能相应划转至生态环境部门，原有的国家地表水环境监测网络无法完全覆盖水功能区监测点位，地表水环境监测断面与水功能区监测断面需要整合优化，两网合一。

（2）监测模式

实施地表水监测事权上收，最终建成以自动监测为核心、采测分离手工监测相结合的国家水环境质量监测网的全新运行模式。打破了几十年来采取的国家组网、属地监测、国家评价、国家考核的模式，也改变了以手工监测为主、自动监测为辅的监测方式，是国家水环境监测网的重大转变，也给水环境质量监测工作提出了新要求。全面实施采测分离手工监测方式，全面建成水质自动监测站，全面融合两种监测模式，建立系列管理以及技术规程和规范，保证监测数据质量等一系列监测模式涉及的技术问题有待解决。特别是总磷问题突出的长江流域，亟须系统研究和建立自动总磷监测与手工总磷监测数据可比的监测分析方法和监测网络运行机制[①]。

（3）评价方法

长期以来，地表水环境质量状况评价主要是依据《地表水环境质量评价办法（试行）》开展的。虽然在一定程度上统一了地表水环境质量的评价方法，使得不同时段、不同地区的地表水环境质量具有可比性，但在近年的运用中，一些问题也显现出来[②]，包括水质类别不同而标准限值相同的指标评价方法不明确、评价结果不能反映某些地区的特征污染情况、缺少采样点数据整合成断面数据的方法、水质状况定性评价与大众实际感受存在矛盾、水质状况定性评价和变化趋势评价有时存在矛盾、均值计算数据修约方式和检出限以下测值评价方法不明确、缺少评价结果展示图形表征要求等，相关内容亟须修改完善；其次，自动监测数据参与地表水质评价与评估的方法亟待补充；再次，地表水环境质量状况的图形表征方式方法也需统一规范。此外，为更好发挥水环境质量监测数据的作用，水质预警、考核和排名等方法也亟待出台。

1.4　本书研究内容

针对以上问题，本书在前期研究工作的基础上，构建了长江水环境质量监测网络运行体系，通过优化、调整，形成"三水统筹"的流域水环境质量监测网络。突破监测指标、监测频次和前处理方法技术难点，实现自动监测、手工监测技术和监测数据的融合，从管理制度、监测技术、质量控制和数据审核等方面构建水质自动监测和采测分离手工监测相结合的网络运行机制。从评价、预警、考核和排名等方面发挥长江水环境质量评价考核体系总抓手的作用，为长江水环境质量监测网络运行体系的规范化运行提供技术层面和管理制度上的重要支撑。

---

① 嵇晓燕，孙宗光，刘允，等.基于事权上收的国家网流域水环境质量监测技术体系构建 [J]. 环境保护，2017，45(24): 30-33.

② 嵇晓燕，刘雷，陈亚男，等.地表水环境质量评价办法在应用中存在的问题及建议 [J]. 环境监测管理与技术，2016，28(6): 1-4.

第 2 章

长江水环境监测网络运行体系构建

长江水环境监测网络从 20 世纪 80 年代初步建立，虽历经几次调整、优化，但均以"国家组网、属地监测"的模式运行。直至 2017 年国家地表水环境质量监测事权上收，长江水环境质量监测模式也进行了重大调整，实现了从"考核谁、谁监测"到"谁考核、谁监测"的历史性转变。监测方式由手工监测为主，自动监测为辅转变为水质自动监测和手工监测相结合[①]。与此同时，长江水环境质量监测网络经过了 30 余年的发展，断面（点位）数量逐渐增加、监测频次不断提高、监测指标日渐丰富[②]，国控断面数量已是初建时的 10 多倍。监测模式的重大调整与断面数量的持续增加，对长江水环境质量监测工作提出了新要求。为适应新形势下的监测模式，并对海量数据进行科学的管理和分析，必须构建以自动监测与手工监测相结合的监测模式为特征的长江水环境质量监测网络运行体系。自动监测智能性、连续性、预警性的特点与手工监测全面性、可靠性、精准性的特点相辅相成，可为长江水环境"监测先行、监测灵敏、监测准确"提供全面有力的保障。

2.1　网络运行体系总体架构

通过研究制定一系列标准规范，建立长江水环境监测网络运行体系，以优化调整的水环境监测网络为基础，建立自动监测与手工监测相结合的运行机制，并针对融合后的数据开展水环境质量考核评价，从而为水环境管理和水污染防治攻坚提供科学、可靠的技术支撑。

将原有的地表水环境监测网和重要江河湖泊水功能区合并进行优化调整，形成水资源、水生态、水环境"三水统筹"的长江水环境监测网络。

建立自动监测与手工监测相结合的网络运行机制，规范管理制度、监测技术、质量控制和数据审核等环节，涉及监测的"人、机、料、法、环"各要素。建立覆盖样品采集、样品保存、样品运输、实验室分析、质量控制、数据传输和数据审核等全流程的技术规范和运行模式；以总磷前处理方式自动监测与手工监测相匹配和同一断面自动监测与手工监测数据融合成同一代表值等关键技术为突破口，实现自动监测与手工监测技术和监测数据的科学融合。

长江水环境质量监测数据主要用于水环境质量的考核评价，为实现以水环境质量

---

① 嵇晓燕，孙宗光，刘允，等. 基于事权上收的国家网流域水环境质量监测技术体系构建 [J]. 环境保护，2017，45(24): 30–33.

② 嵇晓燕，刘廷良，孙宗光，等. 国家水环境质量监测网络发展历程与展望 [J]. 环境监测管理与技术，2014，26(6): 1–8.

为核心的目标，建立相应的考核评价体系。主要包括评价方法、预警方法、考核方法和排名方法，对评价指标、统计方法、结果表征、预警方法、考核赋分、排名计算等方面进行规范，为长江水污染防治提供重要支撑。

长江水环境监测网络运行体系架构如图 2-1 所示，形成的规范体系如表 2-1 所示。

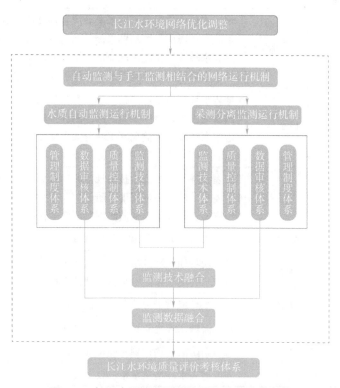

图 2-1　长江水环境监测网络运行体系总体架构

表 2-1　规范体系及相关规范性文件

序号	规范体系			规范性文件
1	网络优化调整			《地表水生态环境监测断面（点位）编码规则（试行）》
2	网络运行机制	水质自动监测	管理制度	《地表水水质自动监测站运行管理办法（试行）》 《地表水水质自动监测站运行维护管理实施细则（试行）》 《地表水水质自动监测站盲样考核管理规定（试行）》 《地表水水质自动监测站停运管理规定（试行）》
3			监测技术	《地表水水质自动监测站站房及采排水技术要求（试行）》 《地表水水质自动监测站安装验收技术要求（试行）》 《地表水水质自动监测站运行维护技术要求（试行）》 《地表水自动监测仪器通信协议技术规定（试行）》 《地表水自动监测系统通信协议技术规定（试行）》 《地表水水质自动监测站常规五参数现场比对技术要求（试行）》

续表

序号	规范体系			规范性文件
4	网络运行机制	水质自动监测	质量控制	《地表水水质自动监测站运行维护技术要求（试行）》
5			数据审核	《地表水水质自动监测数据审核办法（试行）》
6		采测分离监测	管理制度	《地表水环境质量监测网采测分离管理办法（试行）》 《地表水环境质量监测网采测分离监督检查管理办法（试行）》 《地表水环境质量监测网廉洁运维正面清单和禁止清单（试行）》 《地表水环境质量监测网断面桩设置与管理规定（试行）》
7			监测技术	《地表水环境质量监测技术规范》（HJ 91.2—2022） 《国家地表水环境质量监测网监测任务作业指导书（试行）》 《地表水环境质量监测网采测分离采样技术导则》 《地表水环境质量监测网采测分离现场监测技术导则》
8			质量控制	《地表水环境质量监测技术规范》（HJ 91.2—2022） 《环境水质监测质量保证手册》（第二版） 《国家地表水环境质量监测网监测任务作业指导书（试行）》
9			数据审核	《地表水水质采测分离监测数据审核办法（试行）》
10		融合机制		《总磷现场前处理技术规定（试行）》 《地表水环境质量监测数据统计技术规定（试行）》
11	环境质量考核评价	评价方法		《地表水环境质量评价办法（试行）》
12		预警方法		《长江流域水环境质量监测预警办法（试行）》
13		考核方法		《水污染防治行动计划实施情况考核规定（试行）》
14		排名方法		《城市地表水环境质量排名技术规定（试行）》

2.2 长江水环境监测网络优化调整

为满足全面掌握长江及重要支流水环境质量状况、保障重要饮用水水源地水质安全、划清区域水污染防治责任、推动上下游协同治理以及水环境质量改善的环境管理总体需求，基于现有长江国控网地表水环境质量监测断面、水环境功能区划和重要饮用水水源地监测点位，以科学性、代表性、延续性、全面性为原则，优化、调整、扩充了长江水环境监测网络。

长江水环境监测网络监测断面（点位）由原来的714个调整为1 328个，包含640条河流的1 183个断面以及60座湖库的145个点位（图2-2）。建设水质自动监测站743座，覆盖流域内18个省（自治区、直辖市）和部分直管市以及119个地市级以上城市，

图 2-2　长江地表水环境监测断面分布示意

1 739 个水功能区。设置跨界断面 581 个，其中省界断面 181 个、市界断面 255 个、县界断面 145 个。涉及流域内的长江干流，雅砻江、岷江、嘉陵江、乌江、沅江、湘江、汉江和赣江八大支流，以及太湖、巢湖、滇池、洞庭湖、洱海和丹江口水库等重点湖库。

2.3　自动监测与手工监测相结合的网络运行机制

针对以监测总磷等指标为重点的长江水环境管理需求，研究长江地表水环境质量监测管理制度、分析方法、质量控制和数据审核等技术，构建水质自动监测和采测分离手工监测相结合的长江水环境质量监测网络运行机制，充分发挥水质自动监测与手工监测各自的优势，为更好掌握长江水环境质量状况打好技术基础。

2.3.1　水质自动监测运行机制

水质自动监测是对地表水样品进行自动采集、处理、分析及数据传输的过程[①]。监测项目配置方式为 9+N，即常规五参数（水温、pH、电导率、浊度和溶解氧）和常规监测四项［高锰酸盐指数（I_{Mn}）、氨氮（NH_3-N）、总磷（TP）和总氮（TN）］共 9 项指标，湖库增加叶绿素 a 和藻密度指标。此外，根据长江流域断面特定污染物的情况，逐步增加重金属、挥发性有机物（VOCs）等其他特征监测项目，即 N 项目。常规五参数、叶绿素 a 和藻密度监测频次为 1 次 / 小时，其他指标监测频次为 1 次 /4 小时，当出现异常情况时可进行加密监测，自动监测数据实时上传。为保证水质自动监测网络稳定、高效运行，从管理制度、监测技术、质量控制和数据审核 4 个方面进行了探索研究。

（1）管理制度体系

通过制定系列水质监测和运行管理办法及规定，从管理制度上保障水质自动监测站点有序、正常运行。研究制定《地表水水质自动监测站运行管理办法（试行）》，明确水站运行职责分工和运行管理细则；研究制定《地表水水质自动监测站运行维护管理实施细则（试行）》，对站点、站房与采水设施、自动仪器各个单元的安装验收、运行维护等方面管理进行规范和约束；研究制定《地表水水质自动监测站盲样考核管理规定（试行）》，加强水质自动监测站质量监督管理和运维质量管理；研究制定《地表水水质自动监测站停运管理规定（试行）》，明确停运条件、申请流程、停运补测、恢复运行等相关内容。

---

① 刘潞 . 水质自动监测技术在水环境保护中的应用 [J]. 环境与发展，2019，31(6): 156-158.

（2）监测技术体系

制定系列水质监测技术要求，从自动监测站站房建设、监测设备安装验收、监测设备运行维护、仪器通信、系统通信和数据比对等方面实现了关键技术的突破。研究制定《地表水水质自动监测站站房及采排水技术要求（试行）》，明确地表水水质自动监测站的选址、站房建设和采排水建设的具体内容和要求，规定了相关验收、运行维护要求；研究制定《地表水水质自动监测站安装验收技术要求（试行）》，规范地表水水质自动监测站监测设备安装、调试、试运行及验收相关技术要求，保证监测水站建设质量；研究制定《地表水水质自动监测站运行维护技术要求（试行）》，从监测仪器、操作人员、质量控制（以下简称"质控"）等方面规范和指导地表水水质自动监测站运行维护工作；研究制定《地表水自动监测仪器通信协议技术规定（试行）》，规范和指导地表水自动监测站点现场的数据采集传输仪与在线监测仪器之间的数据通信操作；研究制定《地表水自动监测系统通信协议技术规定（试行）》，规范和指导地表水水质自动监测站数据采集端与上位机之间的数据传输操作；研究制定《地表水水质自动监测站常规五参数现场比对技术要求（试行）》，明确了水质监测常规五参数现场比对的工作流程、质控核查等技术要求，确保国家水质自动监测站监测数据真实、准确。

（3）质量控制体系

构建贯穿水质自动监测站运行的日质控、周核查和月质控的多级质量控制体系[①]。日质控包括零点核查、跨度核查、零点漂移和跨度漂移；周核查包括每周使用标准物质对五参数进行核查；月质控包括多点线性、集成干预、实际水样比对和加标回收。设计可溯源的关键参数上传和远程控制等组成的多维度质控体系，构建多级别、多维度和内外部质控结合的地表水水质自动监测质控体系。

（4）数据审核体系

研究制定《地表水水质自动监测数据审核办法（试行）》，规定地表水水质自动监测网数据审核的基本要求、职责分工、审核流程、质量控制等管理模式。确定了自动预审、一级初审、二级复审、三级终审的审核流程。建立了运维（运行维护）单位、地方监测中心（站）、中国环境监测总站（以下简称"总站"）各单位参与且分工明确的审核体系。

---

① 嵇晓燕，孙宗光，刘廷良，等 . 国家地表水质自动监测站运行管理定量考核初探 [A]. 环境监测科技进展——第十一次全国环境监测学术论文集 [C]. 北京：化学工业出版社，2013: 323-325.

2.3.2 采测分离手工监测运行机制

采测分离是指地表水环境质量监测中，将样品采集和检测分析交由不同单位承担，实现样品采集与检测分析分离的监测模式。执行过程中统一制订实施计划，加密编码，第三方机构按照统一的技术规范进行采样，水样混合后随机分送至各分析实验室。分析实验室对加密水样进行集中分析，原始监测数据直接通过网络传输，监测全流程各环节留痕质控。采测分离监测指标为 pH、溶解氧（DO）、高锰酸盐指数（I_{Mn}）、氨氮（NH_3-N）、总磷（TP）、五日生化需氧量（BOD_5）、化学需氧量（COD）、石油类、挥发酚、汞（Hg）、铜（Cu）、锌（Zn）、铅（Pb）、镉（Cd）、铬（六价，Cr^{6+}）、砷（As）、硒（Se）、氟化物、氰化物、硫化物和阴离子表面活性剂共 21 项，监测频次为 1 月 / 次，或根据特殊情况实施加密监测，监测数据直传总站。为保证采测分离手工监测网络稳定、高效运行，从管理制度、监测技术、质量控制和数据审核 4 个方面进行了探索研究。

（1）管理制度体系

通过制定系列管理办法和管理规定，从管理制度上保障采测分离手工监测有序、正常运行。研究制定《地表水环境质量监测网采测分离管理办法（试行）》，明确具体职责分工和运行管理方式；研究制定《地表水环境质量监测网采测分离监督检查管理办法（试行）》，明确相关方责任分工、检查结果反馈机制、问题处理机制和整改机制；研究制定《地表水环境质量监测网廉洁运维正面清单和禁止清单（试行）》，对运维行为提出基本要求和标准操作规范并要求严格执行，防止弄虚作假行为发生；研究制定《地表水环境质量监测网断面桩设置与管理规定（试行）》，明确断面属性和位置，并严格要求不得擅自更改。

（2）监测技术体系

承担监测任务的单位应严格按照《地表水环境质量监测技术规范》（HJ 91.2—2022）和《国家地表水环境质量监测网监测任务作业指导书（试行）》中规定的国家或行业标准分析方法进行监测，确保监测数据准确、可比。此外，针对采测分离这种特殊的监测模式，研究制定了一系列技术导则和规定，从监测技术上保障采测分离手工监测的科学、规范运行。研究制定《地表水环境质量监测网采测分离采样技术导则》，对采样方案制订、采样器材准备、样品瓶准备、配套试剂准备、采样点位确认、水样采集方法、保存剂添加和水样冷藏运输等方面作了详细规定；研究制定《地表水环境质量监测网采测分离现场监测技术导则》，对现场监测的水温、pH、溶解氧、透明度等指标建立统一的操作规程；研究制定《监测采样用试剂耗材检验技术规定（试行）》，对采样质量有影响的试剂、纯水及耗材质量的检验作了明确规定；研究制定《现场监测异常数据处置技术要求（试行）》，对监测过程中出现的异常情况处理方式作了明确规定；研究制定《现场监测影像记录技术要求（试行）》，对现场监测影像录制提出细化要求。

（3）质量控制体系

采测分离手工监测质量控制按照《地表水环境质量监测技术规范》（HJ 91.2—2022）、《环境水质监测质量保证手册（第二版）》和《国家地表水环境质量监测网监测任务作业指导书（试行）》开展水质监测质量保证和质量控制工作。内部质控上，以监测项目为单位，按照不低于 10% 的比例，对每个采样点随机分配全程序空白和外部平行样品，为保证监测数据的准确、客观、公正，所有水质分析样品均以盲样的形式由采样单位采集后送至分析测试单位进行检测。每个断面每月的分析测试单位由采测分离管理系统结合送样距离、送样时间和分析测试单位的能力智能生成。外部质控上，开展"双随机"飞行检查、现场比对和体系核查等多种形式监督检查，建立多部门联动监督管理机制。建立了"以内部质量控制为主，外部质量监督为辅"的有效质量监管体系，真正做到"过程监控、全程溯源"。

（4）数据审核体系

研究制定《地表水水质采测分离监测数据审核办法（试行）》，规定了地表水水质采测分离监测数据审核的基本流程及现场监测、实验室分析、综合数据审核等各阶段数据审核的技术要求。确定了包括现场采样、实验室分析和综合审核在内的各环节三级审核制度，从监测规范性、质控符合性、数据合理性与可比性、样品代表性等方面全方位、各方面对监测数据的真实性、准确性进行把关。

2.3.3　自动监测与手工监测融合机制

自动监测与手工监测融合机制主要表现在监测技术与监测数据两方面的融合。以总磷监测前处理方式自动监测与手工监测相匹配以及同一断面自动监测与手工监测数据融合成同一代表值等关键技术为突破口，实现自动监测与手工监测动态可比和自动监测与手工监测数据科学融合。

（1）监测技术融合

长江流域水系发达，不同特征的水体适用何种前处理方式是自动监测和手工监测技术融合的关键，尤其是总磷指标监测。研究制定《总磷现场前处理技术规定（试行）》，考虑一般水体、感潮河段和藻类聚集等情况下浊度对总磷指标监测的影响，确定了自然沉降、离心和过滤筛（网）等不同的前处理方法，细化了地表水总磷手工监测技术要求。同时，针对因不同水体浊度、盐度及色度的时空差异，导致水站预处理难以统一的技术难点，设计自动水站"一站一策"预处理技术，在质控手段合理、有效的前提下，针对各站点监测水体不同水质特性，选择合理的预处理、抗浊度措施，并不断进行改进和优化，实现自动监测和手工监测方法的动态可比。

（2）监测数据融合

同一监测断面自动监测和手工监测数据的融合是水环境质量评价考核的基础，研究制定的《地表水环境质量监测数据统计技术规定（试行）》，填补了自动监测数据参与地表水质评价的空白[①]，规定了对地表水环境质量自动监测和手工监测数据融合统计方式。pH、溶解氧、高锰酸盐指数、氨氮和总磷5项指标优先采用自动监测数据，五日生化需氧量、化学需氧量、石油类、挥发酚、汞、铜、锌、铅、镉、铬（六价）、砷、硒、氟化物、氰化物、硫化物和阴离子表面活性剂16项指标采用采测分离手工监测数据。确定了数据统计、整合、补遗和修约等方面的技术规则，从时间尺度和空间尺度分别规定数据整合统一规则，保证了监测数据融合评价结果的科学性、统一性和可比性。

2.4　长江水环境质量评价考核体系

自动监测和手工监测融合的监测数据应用于长江水环境质量考核评价体系，对评价指标、统计方法、结果表征、预警方法、考核赋分和排名计算方式等制定规则，为长江水污染防治提供重要支撑。

（1）长江水环境质量评价方法

长江水环境质量评价以《地表水环境质量评价办法（试行）》（以下简称"评价办法"）[②]为基础，针对长江水环境特点进行优化完善。评价指标包含水质评价指标和营养状态评价指标，数据统计根据月、季度和年度等不同时间尺度进行，分断面（点位）、河流（湖库）、流域（水系）等不同层级进行评价。湖库增加营养状态评价，根据不同时段或多时段的水质比较分析其变化趋势。将断面（点位）水质分为Ⅰ类、Ⅱ类、Ⅲ类、Ⅳ类、Ⅴ类和劣Ⅴ类6个水质类别，将河流（湖库）、流域（水系）分为优、良好、轻度污染、中度污染和重度污染5种水质状况。将湖泊营养状态分为贫营养、中营养、轻度富营养、中度富营养和重度富营养5个营养级别。规定了超标倍数

---

① 稽晓燕，杨凯，陈亚男，等. 地表水质监测数据应用于环境管理的思考[C]. 2020 中国环境科学学会科学技术年会论文集，2020.

② 稽晓燕，刘雷，陈亚男，等. 地表水环境质量评价办法在应用中存在的问题及建议[J]. 环境监测管理与技术，2016，28(6): 1-4.

和主要污染指标的确定方法、湖泊营养状态指数的计算方法和水质变化趋势分析方法，为科学评价长江水环境质量提供依据。

（2）长江水环境质量预警方法

为推进长江流域水环境保护工作、建立长江水环境预警机制[①]，研究制定了《长江流域水环境质量监测预警办法（试行）》（以下简称"预警办法"），对水环境质量下降或存在无法完成年度水质目标风险的断面，根据水质下降程度或未达标情况进行分级分类预警。"预警办法"规定长江流域断面同时满足当月或累计水质类别同比下降2 个类别及以上至Ⅲ类以下、累计水质未达当年水质目标，属一级预警；同时满足当月或累计水质类别同比下降 1 个类别及以上至Ⅲ类以下、累计水质未达当年水质目标、不符合更高等级预警条件，属二级预警。

（3）长江水环境质量考核方法

为切实加大长江水污染防治力度，《水污染防治行动计划实施情况考核规定（试行）》将水环境质量目标完成情况纳入考核内容，将地表水环境质量作为考核的刚性要求。制定了地表水评价方法、数据来源、特殊情形和上游入境断面影响扣除的计算方法。对地表水水质优良（达到或优于Ⅲ类）比例和地表水劣Ⅴ类断面比例进行考核达标赋分，并针对单断面水质变化情况设置加分项和扣分项，为长江水环境质量考核的具体实施提供了支撑。

（4）城市水环境质量排名方法

为有效激励地方水污染防治工作，强化公众信息知情权和舆论监督影响力，以《城市地表水环境质量排名技术规定（试行）》[②]为依据，定期开展城市地表水环境质量状况排名和地表水环境质量变化情况排名。城市地表水环境质量状况排名以城市水质指数（$CWQI_{城市}$）为依据，综合考虑河流、湖库各项指标浓度的影响。按照城市水质指数从小到大的顺序进行排名，排名越靠前说明城市地表水环境质量状况越好。城市地表水环境质量变化情况排名基于城市水质指数的变化程度 $\Delta CWQI_{城市}$，$\Delta CWQI_{城市}$ 为负值，说明城市地表水环境质量提升；$\Delta CWQI_{城市}$ 为正值，说明城市地表水环境质量下降。按照 $\Delta CWQI_{城市}$ 从小到大的顺序进行排名，排名越靠前说明城市地表水环境质量改善程度越高。

---

① 嵇晓燕，刘廷良，孙宗光 . 地表水水质自动监测预警理论初探 [A]. 环境监测技术新进展——庆祝中国环境监测总站成立 30 周年论文集 [M]. 北京：化学工业出版社，2010: 111-115.

② 嵇晓燕，孙宗光，陈亚男 . 城市地表水环境质量排名方法研究 [J]. 中国环境监测，2016，32(4): 54-57.

第 3 章

长江水环境监测
网络优化调整

为满足全面掌握长江及重要支流水环境质量状况、保障重要饮用水水源地水质安全、划清区域水污染防治责任、推动上下游协同治理以及水环境质量改善的环境管理需求，基于现有长江国控网地表水环境质量监测断面、水环境功能区划和重要饮用水水源地监测点位，以科学性、代表性、延续性、全面性为原则，优化、调整、扩充了长江水环境监测网络。

3.1 长江水环境监测网络设置原则

以科学评价长江流域水质、厘清地方责任以及实现"三水统筹"为目的，长江水环境监测网络设置原则为科学性、代表性、延续性和全面性。

3.1.1 科学性

充分考虑流域面积、河网密度、径流补给、水文特征等流域自然属性，在"十三五"国家网水环境质量监测断面的基础上，重点增设流域面积大于 1 000 km² 的三级以下支流，流域面积大于 500 km² 的跨省界、市界河流，以及占地级及地级以上城市来水年径流量 80% 以上的河流水环境质量监测断面，实现长江流域主要河流全覆盖和地级及地级以上城市行政区域全覆盖。

3.1.2 代表性

统筹流域与区域，厘清中央与地方监测事权，在"十三五"国家网水环境质量监测断面的基础上，主要围绕国家级自然保护地、重大调水输水水源地、重要水体的源头区、河口区，以及跨省界、市界水体等设置水环境质量监测断面。长江经济带（含长三角）作为国家重大战略区域适当加密，从而客观、准确评价流域和区域主要水体水环境质量状况。

3.1.3 延续性

在现有"十三五"国家地表水环境质量评价、考核、排名断面（以下简称"国考断面"）、"十三五"国家地表水趋势科研断面（以下简称"趋势科研断面"）、全国重要江河湖泊水功能区断面（以下简称"水功能区断面"）、长江经济带断面以及地方现有省控、市控和县控断面的基础上进行筛选调整。原则上除常年断流和不满足考核要求的断面外，现有国控断面予以保留，增加断面优先考虑拟建设和已建成的水质自动监测站的断面，保证我国水环境监测数据的历史延续性，满足分析水环境质量时空变化趋势的需要。

3.1.4　全面性

在全面反映流域水环境质量状况的前提下，整合水功能区监测职能，满足全国重要江河湖泊水功能区水质评价需求，保障水体使用功能。逐步增加水量、水生态监测指标，推动水环境质量监测向"三水"（水资源、水生态、水环境）统筹监测过渡。

3.2　长江水环境监测网络设置技术要求

3.2.1　客观反映河流湖库水生态环境状况

（1）水质监测断面尽可能选在水质均匀的河段，避开死水区、回水区、排污口处，尽量选择顺直河段、河床稳定、水流平稳，水面宽阔、无急流、无浅滩处。

（2）对主要支流汇入前与汇入后的干流，以及湖库主要出、入口，分别设置水质监测控制断面；其中支流入干流后的干流水质监测断面、河流入湖库后的湖库水质监测断面，水质监测断面设置在混合区外。

（3）为能够反映污染物控制情况，应在大型的工业园区、开发区、入河排污口下游设置水质监测控制断面。

3.2.2　厘清跨界断面责任

（1）跨界河流属上下游交界的，原则上水质监测断面设置在上下游交界处，若不具备采样条件，则按照下游考核上游的原则，设置在下游地区。

（2）跨界河流属左右岸交界的，原则上在共有河段设置一个水质监测断面。

（3）跨界水质监测断面与行政区界线间原则上无排污口或支流汇入口，避免责任不清。

（4）跨界湖库应在相关行政区域入湖库的主要河流设置水质监测断面。

3.2.3　反映水功能区水质状况

（1）全国重要江河湖泊水功能区原则上至少有 1 个水质监测断面代表其水质，若相邻水功能区功能相近，且近三年（2016—2018 年）水质现状相同，可选用最下游的水功能区断面作为代表。

（2）同一功能区内，同时设有水功能区断面和国控断面的，原则上保留国控断面。

（3）河流型水功能区监测断面应尽量位于水功能区末端或下游。

（4）湖泊（水库）无明显功能分区，水质监测断面可采用网格法均匀布设，网格大小依湖、库面积而定。

（5）流域面积 3 000 km² 的大江大河源头水保护区，原则上保留 1 个水质监测断面。

3.2.4 其他要求

（1）水质监测断面位置要交通可达、采样便利，优先考虑桥上采样。

（2）根据不同原则设置的水质监测断面发生重复时，只设置一个水质监测断面。

（3）针对水网地区存在往复流情况，水质监测断面可设置在往复段中间位置。

（4）对于季节性河流和人工控制河流，由于实际情况差异很大，水质监测断面位置征求各省（自治区、直辖市）生态环境主管部门的意见后确定。

（5）如果河流左右岸分别划定了水功能区，则在左右岸分别设置水质监测断面。

3.3 长江水环境监测网络优化调整结果

3.3.1 总体情况

水环境监测网络优化调整后，长江流域共设置 1 328 个国考断面，其中设置河流断面 1 183 个，监测 612 条河流；湖库点位 145 个，监测 60 个湖库。

水环境监测网络优化调整后，长江流域设置跨界断面 581 个，省界断面 181 个，市界断面 255 个，县界断面 145 个。

水环境监测网络优化调整后，长江流域覆盖流域内 18 个省（自治区、直辖市），部分直管市和 119 个地市级以上城市。

水环境监测网络优化调整后，长江流域设置 761 个水质监测断面覆盖长江流域和太湖流域 1 605 个水功能区。

长江流域断面调整前后数量变化情况见表 3-1。

表 3-1　长江流域断面调整前后数量变化情况

单位：个

时期	长江流域	河流	湖库	省界	市界	县界
调整前	714	596	118	72	105	3
调整后	1 328	1 183	145	181	255	145
变化	+614	+587	+27	+109	+150	+142

长江流域 1 328 个断面（点位）各流域分布见表 3-2。

表 3-2　长江流域 1 328 个断面（点位）各流域分布

单位：个

所属流域	河流断面数	湖库点位数	合计
长江流域	1 017	98	1 115
太湖流域	133	27	160
巢湖流域	21	10	31
滇池流域	12	10	22
合计	1 183	145	1 328

长江流域 1 328 个断面（点位）各省（自治区、直辖市）分布见表 3-3。

表 3-3　长江流域 1 328 个断面（点位）各省（自治区、直辖市）分布

单位：个

序号	所属省（自治区、直辖市）	河流断面数	湖库点位数	合计
1	青海省	3	0	3
2	西藏自治区	5	0	5
3	云南省	62	13	75
4	四川省	184	3	187
5	贵州省	69	4	73
6	重庆市	87	1	88
7	甘肃省	12	0	12
8	陕西省	38	2	40
9	河南省	27	3	30
10	湖北省	171	27	198
11	湖南省	145	15	160
12	江西省 ①	124	25	149
13	安徽省	77	24	101
14	江苏省	94	25	119
15	上海市	38	2	40
16	浙江省	45	1	46
17	广西壮族自治区	2	0	2
	总计	1 183	145	1 328

① 绵水瑞金黄沙村、泸溪葛坪桥和信江靖安大桥 3 个断面位于江西省，考核福建省。

长江流域断面（点位）分布如图 3-1 所示。

3.3.2 河流

长江水环境监测网络优化调整后，长江流域设置河流监测断面 1 183 个，监测 612 条河流，包括长江干流，雅砻江、岷江、嘉陵江、乌江、湘江、沅江、汉江、赣江等主要支流，其他重点河流等。具体设置情况为：

长江干流共设置 59 个监测断面；雅砻江及其支流安宁河共设置 4 个监测断面；岷江及其支流府河、越溪河、大渡河和马边河共设置 13 个监测断面；嘉陵江及其支流涪江、渠江、白龙江、南河、东河和西河共设置 27 个监测断面；乌江及其支流唐岩河、郁江、大溪河（渝）、芙蓉江、清水河、三岔河、湘江（黔）、洪渡河、六冲河、石阡河和印江河共设置 25 个监测断面；湘江及其支流萍水河、捞刀河、浏阳河、沩水、渌水、涟水、蒸水、舂陵水、耒水、洣水和潇水共设置 25 个监测断面；沅江及其支流西水、巫水、清水江、辰水、渠水、舞水和武水共设置 23 个监测断面；汉江及其支流金钱河、天河、堵河、官山河、浪河、剑河、神定河、泗河、唐白河、北河、蛮河、南河、竹皮河、汉北河和任河共设置 39 个监测断面；赣江及其支流赣江南支、赣江北支、赣江中支、乌江、梅江、锦江、遂川江、袁水、蜀水、肖江、章水、禾水、桃江和孤江共设置 29 个监测断面。

长江水环境监测网络优化调整后，监测断面主要覆盖范围为：

（1）基本覆盖全国长江干流及主要支流（流域面积 1 000 km^2 以上的河流），以及跨省和跨市的主要河流（流域面积 500 km^2 以上）；

（2）基本覆盖省界矛盾突出的河流；

（3）覆盖长江经济带县域主要纳污跨界河流；

（4）覆盖丹江口水库、太湖、巢湖、滇池的主要入湖、出湖、环湖河流；

（5）覆盖长江三峡、南水北调等大型水利工程所在水体或对其水质影响较大的重要支流；

（6）覆盖年径流量超过地级及地级以上城市来水总径流量 80% 的主要河流；

（7）覆盖其他列入全国重要江河湖泊水功能区划的河流。

长江干流、支流水质监测断面分布如图 3-2～图 3-10 所示。

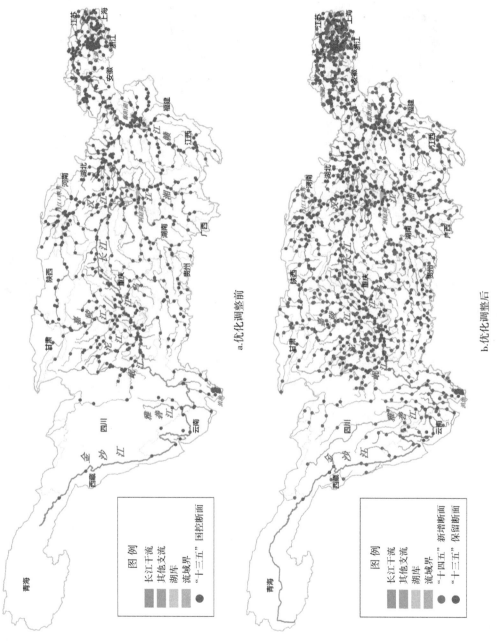

a.优化调整前

b.优化调整后

图 3-1　长江流域断面（点位）分布

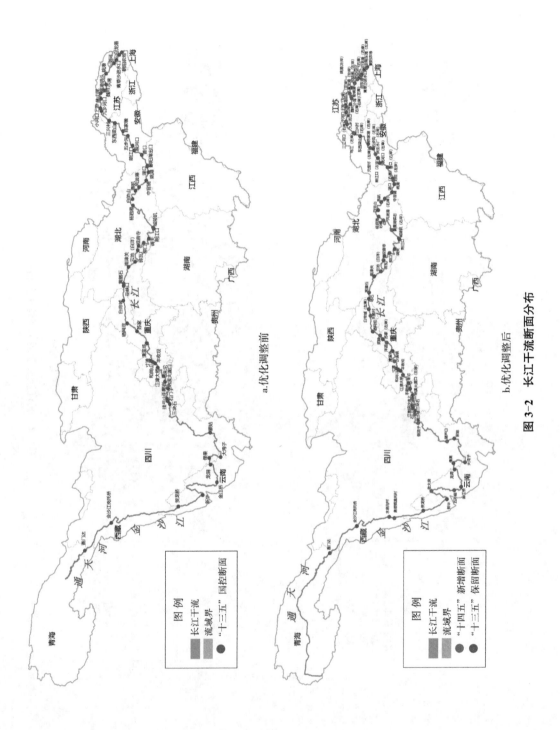

a.优化调整前

b.优化调整后

图 3-2　长江干流断面分布

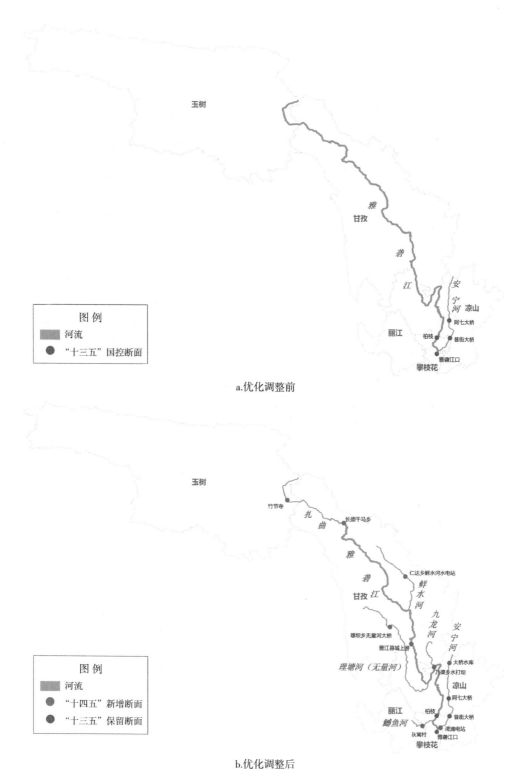

图 3-3　长江支流断面分布——雅砻江水系

a.优化调整前

b.优化调整后

图 3-4 长江支流断面分布——岷江水系

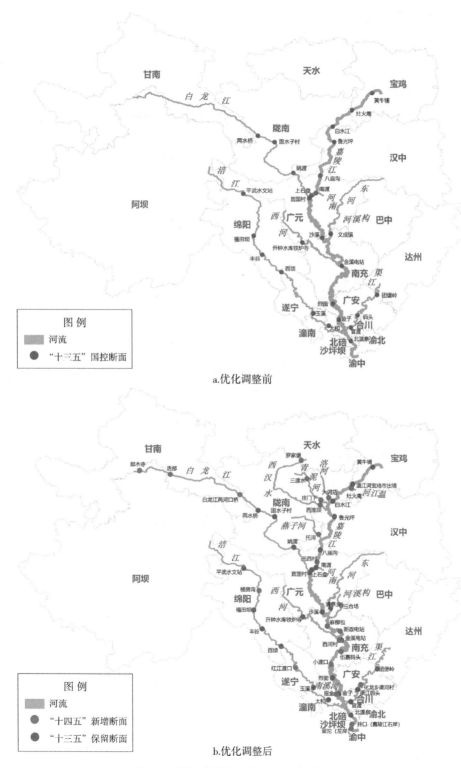

a.优化调整前

b.优化调整后

图 3-5　长江支流断面分布——嘉陵江水系

图 3-6　长江支流断面分布——乌江水系

a.优化调整前

b.优化调整后

图 3-7 长江支流断面分布——湘江水系

a.优化调整前

b.优化调整后

图3-8 长江支流断面分布——沅江水系

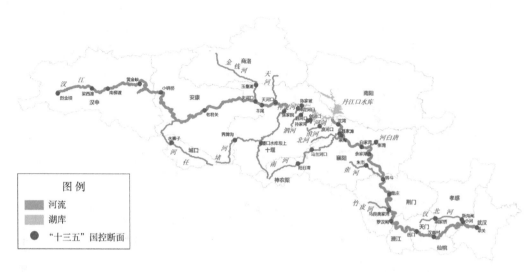

a.优化调整前

b.优化调整后

图 3-9　长江支流断面分布——汉江水系

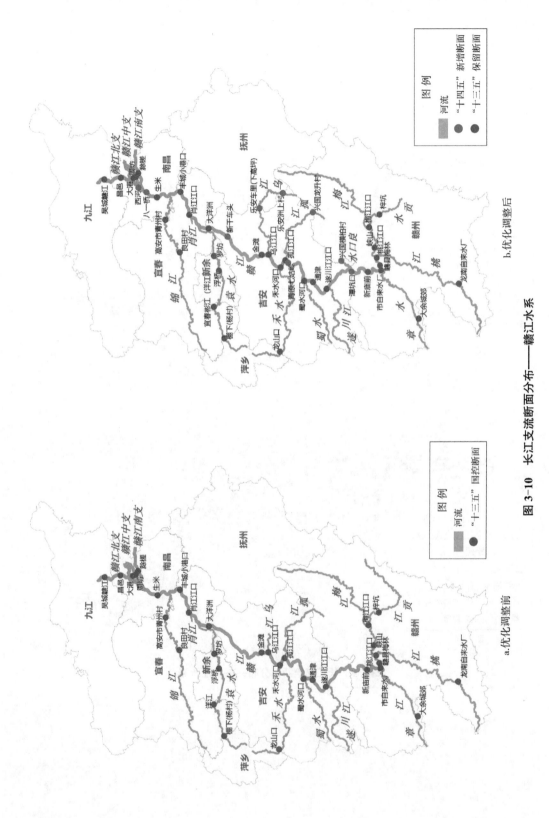

图3-10 长江支流断面分布——赣江水系

长江干流、支流断面现场如图 3-11～图 3-22。

a.断面采样位置　　　　　　　　　　　　b.断面上游

c.自动监测站　　　　　　　　　　　　　d.断面下游

图 3-11　长江干流断面现场——青海玉树通天河直门达

a.断面采样位置　　　　　　　　　　　　b.断面上游

c.自动监测站

d.断面下游

图 3-12　长江干流断面现场——四川宜宾金沙江石门子

a.断面采样位置

b.断面上游

c.自动监测站

d.断面下游

图 3-13　长江干流断面现场——湖北宜昌长江南津关

a.断面采样位置 　　　　　　　　　　　　　　　　b.断面上游

图 3-14　长江干流断面现场——上海长江朝阳农场

a.断面采样位置 　　　　　　　　　　　　　　　　b.断面上游

c.自动监测站 　　　　　　　　　　　　　　　　d.断面下游

图 3-15　长江支流断面现场——四川攀枝花雅砻江口

a.断面采样位置

b.断面上游

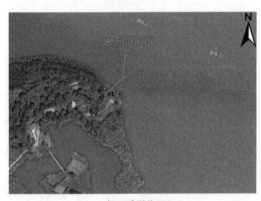

c.自动监测站

d.断面下游

图 3-16　长江支流断面现场——四川成都岷江都江堰水文站

a.断面采样位置

b.断面上游

c.自动监测站

d.断面下游

图 3-17　长江支流断面现场——四川南充嘉陵江金溪电站

a.断面采样位置

b.断面上游

c.自动监测站

d.断面下游

图 3-18　长江支流断面现场——贵州遵义乌江大乌江镇

a.断面采样位置

b.断面上游

c.自动监测站

d.断面下游

图 3-19　长江支流断面现场——湖南长沙湘江橘子洲

a.断面采样位置

b.断面上游

c.自动监测站

d.断面下游

图 3-20　长江支流断面现场——湖南怀化沅江五强溪

a.断面采样位置

b.断面上游

c.自动监测站

d.断面下游

图 3-21　长江支流断面现场——湖北荆门汉江罗汉闸

a.断面采样位置

b.断面上游

c.自动监测站

d.断面下游

图 3-22　长江支流断面现场——江西吉安赣江通津

3.3.3　湖库

　　长江水环境监测网络优化调整后，长江流域共设置湖库水质监测点位 145 个，监测 60 个湖库，其中，太湖、巢湖、滇池、鄱阳湖、洞庭湖和丹江口水库等重要湖库上分别设置了 17 个、8 个、10 个、18 个、11 个和 6 个水质监测点位，主要覆盖范围为：

　　（1）覆盖水域面积 100 km² 以上的大型湖泊、库容 10 亿 m³ 以上的大型水库；

　　（2）覆盖水域面积 10 km² 以上、库容 1 亿 m³ 以上或矛盾突出的跨省湖库和跨市湖库；

　　（3）覆盖其他列入全国重要江河湖泊水功能区划的湖库（图 3-23～图 3-24）。

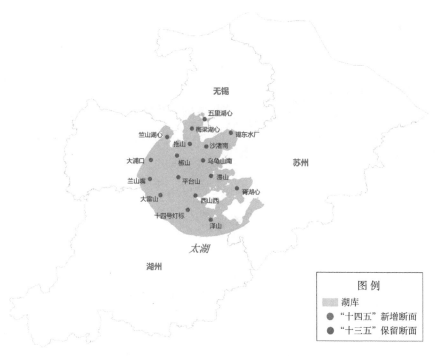

图 3-23 优化调整后长江流域重点湖库点位分布——太湖

图 3-24 优化调整后长江流域重点湖库点位分布——巢湖

图 3-25 优化调整后长江流域重点湖库点位分布——滇池

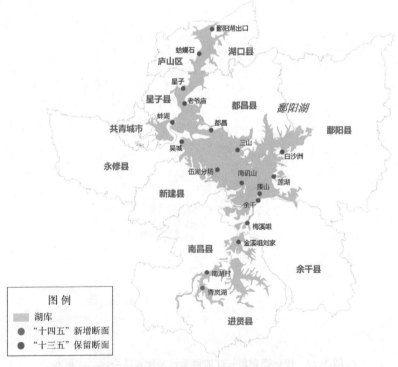

图 3-26 优化调整后长江流域重点湖库点位分布——鄱阳湖

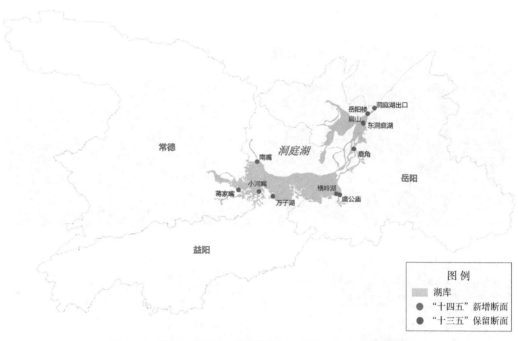

图 3-27　优化调整后长江流域重点湖库点位分布——洞庭湖

图 3-28　优化调整后长江流域重点湖库点位分布——丹江口水库

a.断面采样位置

b.断面上游

c.自动监测站

d.断面下游

图 3-29 太湖点位现场——江苏无锡太湖锡东水厂

a.断面采样位置

b.断面上游

c.自动监测站

d.断面下游

图 3-30   巢湖点位现场——安徽合肥巢湖黄麓

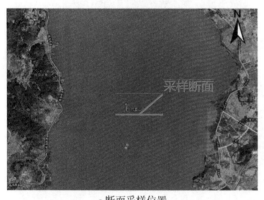

a.断面采样位置

b.断面上游

c.自动监测站

d.断面下游

图 3-31   滇池点位现场——云南昆明滇池观音山中

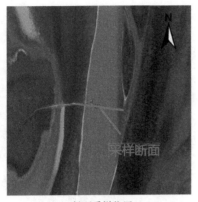

a.断面采样位置

b.断面上游

c.自动监测站

d.断面下游

图 3-32 鄱阳湖点位现场——江西上饶鄱阳湖白沙洲

a.断面采样位置

b.断面上游

c.自动监测站

d.断面下游

图 3-33　洞庭湖点位现场——湖南常德洞庭湖蒋家嘴

a.断面采样位置

b.断面上游

c.自动监测站

d.断面下游

图 3-34　丹江口水库点位现场——河南南阳丹江口水库陶岔

3.3.4 省界

长江水环境监测网络优化调整后，长江流域设置省界断面181个（图3-35），覆盖流域内青海省、西藏自治区、云南省、四川省、贵州省、重庆市、甘肃省、陕西省、河南省、湖北省、湖南省、江西省、安徽省、江苏省、上海市、浙江省、广西壮族自治区和福建省18个省（自治区、直辖市），以及119个地市级以上城市。

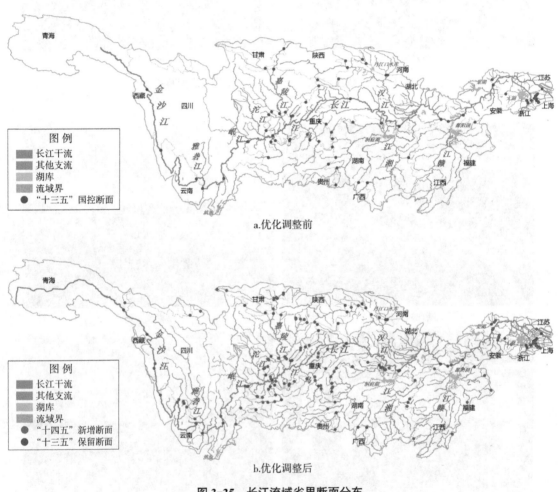

图 3-35　长江流域省界断面分布

第 4 章

自动监测与手工监测相结合的网络运行机制

针对以总磷等指标为重点的长江水环境管理需求，本书研究长江地表水环境质量监测管理制度、分析方法、质量控制和数据审核等技术，构建了以水质自动监测和采测分离手工监测相结合的长江水环境监测网络运行机制，充分发挥水质自动监测与手工监测各自的优势，为更好把脉长江水环境质量状况打好技术基础。

4.1 水质自动监测运行机制

水质自动监测实现了地表水样品的自动采集、处理、分析及数据传输，与手工监测相比，自动监测对水质的全天候高频次分析使其在水质动态监控方面有着不可替代的优势，在水质的趋势分析与预警监测中发挥重要作用。为保证水质自动监测网络稳定、高效运行，从管理制度、监测技术、质量控制和数据审核体系等角度进行了探索研究。

4.1.1 管理制度体系

水质自动监测管理制度体系包括系列管理办法和规定：《地表水水质自动监测站运行管理办法（试行）》明确了水站运行职责分工和运行管理细则；《地表水水质自动监测站运行维护管理实施细则（试行）》对站点、站房与采水设施、自动仪器各个单元、安装验收和运行维护等方面管理进行了规范和约束；《地表水水质自动监测站盲样考核管理规定（试行）》加强了水质自动监测站质量监督管理和运维质量管理；《地表水水质自动监测站停运管理规定（试行）》明确了停运条件、申请流程、停运补测和恢复运行等相关内容。

4.1.1.1 职责分工

（1）生态环境部负责国控水站的统一规划、站点设置和运行管理，制定水站运行管理制度，组织开展监督检查。

（2）总站受生态环境部委托，以标准化、规范化和信息化为重点，开展水站日常运行管理、质量控制和质量保证工作，组织审核并共享水站实时监测数据，对监测的全过程质量控制体系负责。

（3）省级生态环境主管部门负责本行政区内国控水站运行基础条件的协调保障，建立水质异常情况预警响应和处置机制，建立预防人为干扰干预监测过程的工作机制，并将相关责任分解落实到国控水站所在地级及地级以上城市生态环境主管部门。

（4）国控水站运行维护机构（以下简称"运维机构"）按照相关技术规范要求，负责水站的日常运行维护；承担水站实时监测数据和信息的采集、传输、审核；建立异常数据快速响应机制，及时处理数据中断、异常和仪器设备故障等情况。

4.1.1.2　运行维护管理

（1）站点管理

国控水站监测点位的设置由生态环境部确认，未经生态环境部批准任何单位或个人不得擅自变更、撤销。

运维机构应关注站点位置和采水位置的变化，发现监测站点出现未经批准的变更情况应第一时间报告总站；因自然河道摆动，水位下降等原因导致原采水点失去水样代表性或代表性不足时，运维机构应及时通知地方生态环境主管部门进行调整并在平台报备。

经生态环境部批准的站点变更、撤销等工作，运维机构须予以配合。

（2）站房与采水设施管理

运维机构依据合同要求负责国控水站的安全防护；做好防雷、抗灾、防盗等工作；负责站房及辅助设施的日常维护保养工作；保持站房干净整洁。

非运维人员确因工作需要进入水站，须由运维人员陪同，并做好登记备案。进入站内不得有干扰正常监测工作的操作或行为，包括操作仪表、拷贝数据等，如有上述行为，运维人员应及时制止并上报总站。

运维机构应定期或依据实际情况开展采水口、采水管路、采水泵和采水构筑物的清洁及维护保养工作。

运维机构发现有破坏或干扰采样情形的，应及时向总站报告。

因自然原因（如台风、潮汐、暴雨、径流变化等）导致采水口位置发生变化的，运维机构应将采水装置恢复原位；确因客观原因无法恢复至原位的，应及时告知地方生态环境主管部门，向总站申请，总站审核同意后，将采水装置按照采样相关技术要求进行调整，并以书面形式将调整结果告知地方生态环境主管部门。

运维机构发现国控水站站房（含配套及辅助设施）、采水设施损坏或未达到相关技术要求的，应以书面形式及时向地方生态环境主管部门进行反馈，报总站备案，并配合修复或重建工作。

由地方生态环境主管部门建设的临时性采水设施，运维机构应及时将采水方式、采水方法报备总站；地方生态环境主管部门未能及时修复或搭建临时性采水设施的，鼓励运维机构采取符合规范的采水方式，保障监测数据的连续，并将临时采水方式、采水方法报备总站。

国控水站中除常规五参数、高锰酸盐指数（I_{Mn}）、氨氮（NH_3-N）、总磷（TP）、总氮（TN）、叶绿素 a（Chl a）和藻密度等指标的分析仪外，其他地方生态环境主管部门增配的仪器设备原则上应由地方生态环境主管部门进行物理隔断，确因客观原因无法进行物理隔断的，不得影响国控水站仪器设备和系统的正常运行。

运维机构应对国控水站中的物理隔断情况进行备案，若出现地方生态环境主管部门增配的仪器设备影响国控水站仪器设备和系统正常运行的情况，应及时向总站报告。

（3）预处理与采配水单元管理

预处理方式须严格执行相关技术规范，结合自动监测仪器对水样的设计要求，可采取预沉淀、过滤或匀化等措施。预处理不得改变水样的代表性，保证自动仪器监测结果与手工分析结果符合《地表水水质自动监测站运行维护技术要求（试行）》的要求。

针对泥沙较大水体，以及暴雨、泄洪等因素导致浊度升高影响国控水站仪器正常监测的，应根据水体实际情况调整预处理方式，调整后不应改变水样代表性。

运维机构应对水站的预处理方式及其启用/停用条件进行备案，不得随意更改；确需更改的，由运维机构审核确认后再次提交备案。

运维机构应对采配水管路水样流向进行清晰标识，定期对采配水管路进行清洗维护，确保监测水样具备代表性。

系统采配水相关的运行控制必须通过现场端控制软件进行操作，所有过程必须有相应的日志记录，包括采水、测试、清洗和除藻等。

（4）留样单元运行管理

留样单元应具备密封和自动排空功能，能够根据现场需求采集具有代表性的样品。

留样单元应按设置阈值进行超标留样或按监测频次（1次/4小时）进行同步留样，留样保存时间不少于48小时。

留样单元设置为超标留样时，所设阈值应为所在断面水质目标限值。

当自动分析仪器监测结果连续3次出现异常数据时，运维人员应在第一时间到达水站，核实仪器运行状态，确认仪器正常后对所留水样在监测仪器上进行复测；若复测结果证明测试正常，应在4小时内通知地方生态环境主管部门，并抄送总站备案，配合做好相关应急监测工作；五参数出现异常时，运维机构应在规定时间内响应，并前往现场进行核查和比对。

自动留样单元须按运维要求定期保养和维护，并做好相关记录。

（5）安装与验收管理

运维机构须按照总站要求配合做好国控水站新增或更新改造仪器设备的安装、验收和交接工作。

安装、验收工作按照合同条款及《地表水水质自动监测站安装验收技术要求（试

行)》的要求开展。

（6）运行与维护管理

运维机构按《地表水水质自动监测站运行维护技术要求（试行）》的规定，进行国控水站各项运维工作。

运维人员必须经过总站组织的技术能力培训，通过考核后持证上岗，并在总站备案。未取得培训合格证的运维人员，须在持证人员指导下工作，并在六个月内取得培训合格证。

为保证水站仪器设备安全，运维机构对地处偏远的水站可聘用现场值守人员，运维机构应明确值守人员的岗位职责。

运维机构应建立运维培训制度，定期对运维人员进行培训，宣贯、落实总站运维管理相关要求。

运维机构需建立监测数据异常处理机制，出现监测数据异常时，在规定时间内响应，并做好相关记录。

国控水站仪器关键参数实行登记备案制度，关键参数变更，须由运维人员通过平台申请，运维机构审核确认，并在 48 小时之内将相关材料上传至平台。

运维机构根据国控水站分布情况，合理设置运维服务中心（办事处）数量，合理配备人员及车辆，满足合同的服务响应要求，能及时、有效提供国控水站运维服务。

运维机构负责保管国控水站资料并保证其完整性。按相关要求建立"一站一档"的国控水站运维档案，包含仪器说明书、程序文件、作业指导书、质量手册、系统水电图、防雷检测报告、消防设施检测报告等资料，并根据实际情况进行更新完善。

4.1.1.3　盲样考核

总站每月通过水质自动综合监管平台（以下简称"平台"）对每个包件随机抽取一定比例的站点开展盲样考核，原则上每年覆盖所有国控水站。

盲样考核分为现场监督考核和非现场监督考核两种方式。为及时掌握现场盲样考核情况，可加大现场盲样考核力度，综合评价盲样考核结果。

总站每月 10 日前完成环境标准样品编码和分发，并将环境标准样品信息录入平台。如遇特殊情况，盲样发放与报送时间由总站另行通知。

各国控水站运维机构须积极配合国控水站盲样考核工作，按规范要求对环境标准样品进行配制，于每月 25 日前通过平台完成盲样考核测试，考核测试结果需在当日自动上传至平台。

盲样考核不合格的国控水站，运维机构应分析不合格原因，将仪器设备维护后重新测试样品，并通过平台上报不合格原因分析报告。

采用现场盲样考核方式时，应登记盲样批次和编号，考核双方对考核结果签字确认。如遇仪器故障，国控水站运维机构可申请 48 小时内修复仪器后开展盲样考核或次月开展盲样考核。

如遇平台、网络故障等不可抗力因素影响盲样考核，国控水站运维机构须及时向总站报告，由总站协调处理。

4.1.1.4 停运管理

当站房因以下条件无法正常开展水质监测时，可申请停运：

①因不可抗力（自然灾害等）导致站房及配套设施损坏或道路封闭无法进入现场；

②采水点位无法正常取水；

③给水故障导致系统无法运行；

④停电或电路故障影响水站正常运行。

停运申请时长最长不得超过 1 个自然月，次月仍不满足恢复运行条件，需重新申请。停运期间，须开展人工补测，同时做好设备的维护和管理，当水站符合运行条件时，运维人员应及时完成恢复运行流程。

4.1.2 监测技术体系

自动监测技术体系包括系列监测技术要求和规定：《地表水水质自动监测站站房及采排水技术要求（试行）》明确了地表水水质自动监测站的选址、站房和采排水建设的具体内容和要求；《地表水水质自动监测站安装验收技术要求（试行）》规范了地表水水质自动监测站的安装、调试、试运行及验收相关技术要求，保证水站建设质量；《地表水水质自动监测站运行维护技术要求（试行）》从仪器、人员、质量控制等方面规范和指导了地表水水质自动监测站运行维护工作；《地表水自动监测仪器通信协议技术规定（试行）》规范和指导了地表水自动监测站点现场的数据采集传输仪与在线监测仪器之间的数据通信；《地表水自动监测系统通信协议技术规定（试行）》规范和指导了地表水水质自动监测站数据采集端与上位机之间的数据传输；《地表水水质自动监测站常规五参数现场比对技术要求（试行）》明确了常规五参数现场比对的工作流程、质量控制核查等技术要求，确保国家水质自动监测站监测数据真实、准确。

4.1.2.1 站房建设类型

从站房建设类型区分，可分为固定式水站站房、简易式水站站房、小型式水站站房、水上固定平台站站房和浮船式水站站房。其中：

固定式水站站房结构应为混凝土框架结构，站房主体结构应具有耐久、抗震、防火、防止不均匀沉陷等性能并兼顾美观，可抵御台风、洪水等自然灾害，同时拥有完备的防盗措施。

简易式水站站房按建筑方式可分为自建简易式站房和一体化站房，内部均应配有仪器室和质控室，用于自动监测仪器系统的安放及简易实验台的安装。可将仪器室和质控室合并建设，站房面积不小于 40 m²；站房内部进行隔热、保温、防火处理，地板应具有防滑设计；站房应安装通风换气设施；站房内应配置不小于 1 m 长的工作台。简易式水站站房在设计上兼顾防水、防盗的同时应增加安全考虑，可抵御 12 级台风和瞬时龙卷风，并具备废液集中收集装置。

小型式水站站房应具备防水、防冲击及耐腐蚀性能，内部进行隔热保温处理，兼顾防盗性能，预留给水口、排水口。同时配备集成式空调，满足自动站运行的温度需求。

4.1.2.2　站房建设要求

（1）站房选择

优先选择固定式水站。水站站址能满足站房建设面积要求的，优先采用单层站房结构；对存在洪涝隐患的情况下，优先采用双层站房结构，仪器室宜设置在二楼。

当水站站址受建设条件影响（如地基不稳固、受当地规范限制和河道影响等），可采用简易式水站；当水站站址受景区、城区、管制区面积等制约时，可采用小型式水站；当水站站址选定在河、湖（库）中且水深在 10 m 以内时，可采用水上固定平台站；当湖（库）中进行水站建设无法满足供电要求时，可采用浮船式水站。此外，国界监测断面水站必须为固定式水站。所有水站站房外观和风格应统一，且应具有生态环境部门统一标识。

（2）站房辅助设施要求

站房应包括用于承载系统仪器和设备的主体建筑物和外部配套设施两部分。其中，主体建筑物由仪器室、质控室和值班室（在满足功能需求的前提下，可根据站房实际条件对各室进行调整合并）组成；外部配套设施包括引入清洁水、通电、通信、通路以及周边土地的平整和绿化等。

对于固定式水站和简易式水站，应有硬化道路，路宽不小于 3.0 m，且与干线公路相通；站房前应留有适量空地，保证车辆的停放和物资的运输；固定式水站应采用独立地基，基础持力层为老土层，要求地基承载力特征值为 180 kPa，地面粗糙度为 B 类。简易式水站和小型式水站应采用混凝土预先浇注地基，厚度不低于 30 cm，遇松软地基时应做相应的地基处理；站房外地面要求平整，周围应干净整洁，有利于排水，并有适当绿化；应有防鼠、防虫措施；在站房外须设置围墙、护栏、护网或防护栅栏，设置门锁和相关警示标志。

（3）站房供电要求

站房供电负荷等级、供电要求、电源线引入方式及施工要求应符合国家相关标准，电缆铺设应避免电磁干扰；供电电源使用 380 V 交流电、三相四线制、频率 50 Hz，电源容量要按照站房全部用电设备实际用量的 1.5 倍计算；水质自动监测系统配置专用动力配电箱，在总配电箱处进行重复接地，确保零线、地线分开，其间相位差为 0，并在此安装电源防雷装置。

另外，在 380 V 供电条件下，根据仪器与设备的用电情况，总配电采取分相供电：一相用于照明、空调及其他生活用电（220 V）；一相为仪器系统用电（220 V）；另外一相为水泵供电（220 V）。同时在站房配电箱内保留至少一个三相（380 V）和单相（220 V）电源接线端备用。同时，应配备不间断电源（UPS）和三相稳压电源，容量应保证突然断电后系统能继续完成本次测量周期。

浮船式水站供电可采用风力或太阳能供电，配备电能存储装置，电源容量应大于全部耗电设备实际用量的 1.5 倍以上。

（4）站房给水要求

站房应根据仪器、设备、生活等对水质、水压和水量的要求分别设置给水系统。引入自来水（或其他清洁水）水量瞬时流量不低于 3 m³/h，压力不小于 0.05 MPa，保证每次清洗用量不小于 1 m³。

（5）站房通信要求

固定式水站网络通信建设应以光纤 / 非对称数字用户线（ADSL）有线网络传输为主，现场条件不具备的情况下，可选用无线网络进行传输。同时，至少选择两家通信运营商，无线传输网络（固定 IP[①] 优先）应满足数据传输要求及视频远程查看要求，传输带宽不小于 20 MB。水上固定平台及浮船式水站通信在没有运营商网络覆盖的情况下，可采用微波中继等辅助传输方式。

（6）站房防雷要求

站房防雷系统应符合现行国家标准规定，并应由具有相关资质的单位进行设计、施工以及验收。设计专门的防雷装置，包含接闪器、避雷带、引下线、接地干线及接地体装置，防雷设计符合《建筑物防雷设计规范》（GB 50057—2010）的规定，接地电阻值符合要求。

电源系统在总电源配电箱中应配备避雷器或浪涌保护器，防止雷击产生的大电流损坏设备，避雷器、浪涌保护器、电缆金属外皮应可靠接地，其冲击接地电阻值不大

---

① IP，互联网协议地址。

于 30 Ω。

通信系统要求对于卫星通信系统应在馈线电缆进入站房时安装同轴馈线保护器；对于电话线系统，应采用电话线路防雷保护器。利用铜质线缆的数据信号专线，在设备的接口处应加装信号专线电涌保护器。

接地系统站房内电源保护接地与建筑物防雷保护接地之间要加装等电位均衡器，设置等电位公共接地环网，使需要有保护接地的各类设备和线路做到就近接地。

（7）站房安全防护要求

站房耐火等级应符合现行国家标准《建筑设计防火规范》（GB 50016—2014）的规定。当站房与其他建筑物合建时，应单独设置防火区、隔离区，使用的建筑构件、建筑材料及装修材料防火性能应符合相应的国家标准或行业标准。站房内应至少配置感烟探测器，宜采用感烟与感温两种探测器组合，配备火灾自动报警及自动灭火装置并符合国家相关要求。

站房应设置防盗措施，门窗加装防盗网和红外报警系统并设置门禁装置。

站房应满足水站所在地抗震设计要求。

水上固定平台及浮船式水站须配备相应的警示标志，防止非相关人员登陆或靠泊，有行船的水域须配备符合海事规范要求的具有独立太阳能供电的航标灯。此外，水上固定平台的钢结构、围栏及防护栏杆等须采用抗紫外老化、抗锈蚀的材质，金属材质表面应采取热镀锌或刷防锈漆等防锈措施。

（8）站房暖通要求

站房结构需采取必要的保温措施，配有空调和其他冬季采暖设备，室内温度应当保持在 18～28℃，湿度在 60% 以内，空调功率应满足温度要求，具备来电自启功能，并根据温度要求自动运行。

（9）仪器室装修要求

仪器室内地面应铺设防水、防滑地面砖，离地 1.5 m 高度以下铺设墙面砖，并在室内所需位置设置地漏。预留 30 cm 深地沟，用于采排水管道铺设。地沟上面加设盖板（须便于取放），地沟的地漏应与站房排水系统相连。

室内至少预留 3 个五孔插座，距离地面不少于 0.5 m；应预留空调插座且距吊顶或顶部 0.5 m。配电箱预留五芯供电线路至自动监测系统控制柜位置。仪器室应安装排风换气装置，保障空气通畅。根据站房建设情况可安装吊顶，站房内净高不低于 2.8 m。

（10）质控室装修要求

质控室内应配有化学实验台、洗涤台、上下水和冷藏柜。化学实验台和洗涤台均应符合耐强酸碱腐蚀、耐磨性、耐冲击性、耐污染性要求；洗涤槽应采用耐强酸碱腐蚀、耐磨性材料，水龙头采用两联或三联化验室水龙头，底座可调节；上水管材质应符合国家饮用水管道材质要求，能够满足保护水质卫生、不渗漏的要求，实验区排水管路及设施全部采用防腐蚀耐酸碱材质，达到排水不渗漏、不腐蚀的要求；实验台处应预留至少 2 个五孔插座，同时应配备冷藏容量不小于 120 L 的冷藏柜 1 台。

（11）值班室建设要求

值班室主要用于站房看护人员使用，应配备空调、办公桌椅等相关办公与生活设施。除此之外，还可设置卫生间等其他配套设施。

4.1.2.3 站房采排水要求

（1）采水点位要求

采水点位一般选择在水质分布均匀，流速稳定的平直河段，距上游入河口或排污口的距离不少于 1 km；水质监测结果与该断面平均水质的误差不得大于 10%，同时在不影响航道运行的前提下采水点尽量靠近主航道；取水口不能设在死水区、缓流区、回流区，一般应设在河流凸岸（冲刷岸），不能设在河流（湖库）的漫滩处，避开湍流和容易造成淤积的部位，丰水期、枯水期离河岸的距离不得小于 10 m；取水口与站房的距离一般不应超出 300 m，枯水期不超过 350 m，确因客观条件无法达到的，可根据实际情况进行调整，尽量缩短采水管路的距离，减少因采水管路过长对结果的影响；此外，枯水季节采水点一般水深不应小于 1 m，采水点最大流速一般低于 3 m/s。

（2）采水技术要求

采水单元一般包括采水构筑物、采水泵、采水管道、清洗配套装置、防堵塞装置和保温配套装置。采水单元应结合现场水文、地质条件确定合适的采水方式，符合《地表水环境质量监测技术规范》（HJ 91.2—2022），保证运行的稳定性、水样的代表性、维护的方便性。

采样装置的吸水口应设在水下 0.5～1 m 范围内，并能够随水位变化适时调整位置，同时与水体底部保持足够的距离，防止底质淤泥对采样水质的影响。

采水系统应具备双泵 / 双管路轮换功能，配置双泵 / 双管路采水，一用一备；可进行自动或手动切换，满足实时不间断监测的要求。管道应设置防冻保温措施，以减少环境温度等因素对水样造成影响。同时，管道材质应有足够的强度，具有良好的化学稳定性，不与水样中被测物产生物理和化学反应。另外还应具有防意外堵塞和方便泥沙沉积后的清洗功能，并配备除藻和反清洗设备，易于拆卸和清洗。

采水单元采集的样品应能保证水样代表性，集成干预核查应符合要求。

（3）采水设备要求

采水泵优先选用清水潜水泵；当监测水体浊度过大时，应选择污水潜水泵；当取水头位置与站房的高度差小于 8 m 或平面距离小于 80 m 时，可考虑选用离心泵或自吸泵。采水泵的选择须满足水质监测系统运行所需水量和水压的要求，功率满足现场使用要求，同时材质应适应环境需要，应具备防腐、防漏等性能。

采水管道管径应大于 DN25，材质应有足够的强度，可以承受内压和外载荷，应具有良好的化学稳定性和重量轻、耐磨耗、耐油的性能。采水完成后系统可自动排空管道并清洗，清洗过程不应对环境造成污染。

管路铺设深度原则上应满足当地防冻深度要求，对无法满足深度要求的，应采取伴热保温措施。铺设应提前预埋保护套管，回填后在管路施工铺设线路上应做好警示，防止其他施工误挖，保证管路使用安全。

（4）采水安全措施

在航道上建设采水构筑物时，应确保长期稳定安全运行，可在采水构筑物周围设置警示浮球防护圈及航标灯，浮球及取水部件不应影响航运。采水单元应设置防撞和防盗措施。

（5）排水技术要求

站房的总排水必须排入水站采水点的下游，排水点与采水点间的距离应不小于20 m。试剂及废水按照危险废物管理要求，单独收集、存放和储运，并统一处置。排水总管径不小于 DN150，并采取防冻措施。

站房生活污水纳入城市污水管网送污水处理厂处理，或经污水处理设施处理达标后排放，排放点应设在采水点下游，特殊区域因地理环境等因素不能直排的可建设防渗漏渗井。

4.1.2.4　站房安装技术要求

（1）安装准备

安装前需测量仪器间尺寸，勘察采水方式，按照其安装操作手册和现场实际情况，制订施工方案，建立施工档案。根据供货合同清单，复核货物及安装工具是否完备。如安装浮船站，需准备专用吊具及牵引船只。

（2）固定式水站、简易式水站、小型式水站站房现场安装

现场安装固定式水站、简易式水站、小型式水站站房时，机柜布局应按照配水方向，分析仪器摆放顺序应依次为常规五参数、氨氮、高锰酸盐指数、总磷、总氮及其他设备并预留扩展参数的安装与接入空间。柜体应放置于平整坚实地面，避免设备在运行过程中遭受较大震动。此外，小型式水站应做好墩基设计与建设工作，保证不影响进样和排水。

柜体与仪器不应有电位差，机柜间不应有电位差，应就近接入等电位接地网，柜

体内部按照水电隔离原则进行布置,标识明确、布线美观。柜体或支撑架与各仪器的连接及固定部位应受力均匀、连接可靠,必要时采取减震措施。

（3）浮船式水站站房现场安装

浮船式水站站房现场安装前应对浮柱、防撞装置、踏板等外围组件进行组装,浮柱、防撞装置等船体组件应紧固安装,保证浮船可抵御八级大风,并应在吊装前检查船体组件安装是否牢固,吊具与船体的连接是否可靠,确保吊装工作安全进行。牵引操作应符合行船安全要求,保证浮船平稳、安全抵达监测点位并根据现场水深、流向等水文条件选择合适的锚定方式。锚应选择防腐蚀、耐磨损材料,锚链应保证足够的强度,锚链长度宜介于最大水深的 1.2 ～ 1.5 倍。

（4）集成管线连接

①管路连接

集成管路连接应做到水电分离、标识清晰、流向明确、设计合理、便于维护。采水管路的管径、水压和水量应满足水站正常运行的要求。管路应选择化学稳定性好、不改变水样代表性的材质,应有足够的强度。

预处理系统须严格执行相关技术规范,结合在线监测仪器对水样的要求,在不改变水样代表性的前提下,可采用沉淀、过滤、匀化等预处理方式。当水体浊度较大,不能满足仪器测量时,预处理单元可切换至旁路系统,旁路系统不应改变水样代表性。

集成管路应布设整齐,连接可靠,安装高度利于排空,配套部件应易于拆卸和清洗,配水管线铺设要科学合理,便于检修,进水管、配水管、清洗管、排水管应用明显标识进行区分。主管路采用串联方式,无阻拦式过滤装置,仪器之间的管路采用并联方式,每台仪器配备各自的水样杯,任何仪器的配水管路出现故障不能影响其他仪器的测试。同时,在站房内原水管路应设置人工取样口。

②电气连接

电缆和信号管线等应加保护套管,敷设科学合理,并在电缆和信号管线两端标注明显标识。控制单元应标注电气接线图,电缆线路的施工应满足《电气装置安装工程 电缆线路施工及验收标准》（GB 50168—2018）的相关要求。

控制柜配电装置应对各分析仪器、采水泵、留样器等单独配电并接地,安装独立的漏电保护开关,确保某一设备出现故障时,不影响其他仪器正常工作。

敷设电缆不宜交叉,应避免电缆之间及电缆与其他硬物体之间的摩擦;电缆固定时,松紧应适当。塑料绝缘、橡皮绝缘多芯控制电缆的弯曲半径,不应小于其外径的10 倍。电力电缆的弯曲半径应符合 GB 50168—2018 的相关要求。控制电缆与电力电缆交叉敷设时，宜成直角，当平行敷设时，其相互间的距离应符合设计文件规定；在电缆槽内，控制电缆与电力电缆应用金属隔板隔开敷设。

信号线路敷设应尽量远离强磁场和强静电场，防止信号受到干扰；应根据采水泵功率选择合适的电缆线，同时应符合国家标准《额定电压 450/750 V 及以下聚氯乙烯绝缘电缆　第 1 部分：一般要求》（GB/T 5023.1—2008）的相关要求。

③数据传输与通信线路连接

水站控制单元与各分析仪器应采用总线连接，可采用一主多从，电气连接应采用 RS-232/485 或者 TCP/IP 总线形式，通信链路总线示意如图 4-1 所示；信号线应采用双绞屏蔽电缆，具有抗干扰能力，信号传输距离应尽可能缩短，以减少信号损失，同时，信号线应与电力电缆分离。

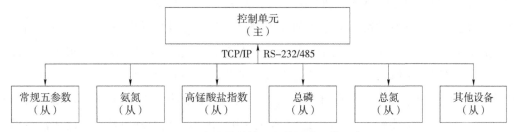

图 4-1　水站控制单元通信链路总线示意

（5）集成配套设备安装

站房应安装电力稳压设备和不间断电源设备，保障系统供电稳定（浮船式水站除外），同时断电后至少能保证仪器完成一个测量周期和数据上传，且待机不少于 1 小时（浮船式水站除外）；应能够将清洁水或压缩空气送至采样头，消除采样头单向输水形成的淤积，防止藻类生长聚集和泥沙沉积（浮船式水站除外）。

管路中阀门等部件应安装在便于检修、观察和不受机械损坏的位置。

（6）分析仪器安装要求

常规五参数应原水测量，不进行任何预处理。氨氮、高锰酸盐指数、总磷、总氮及其他仪器取样管至取样杯之间的管路长度不应超过 2 m。

自动分析仪器工作所需的高压气体钢瓶要直立固定在专用支架上。仪器高温、强辐射等部件或装有强腐蚀性液体的装置，应有警示标识。仪器应安装通信防雷模块。

（7）辅助设施安装

站房应安装自动灭火装置，确保牢固且朝向仪器方向，应有效辐射所有分析设备（浮船式水站除外）。

站房应安装留样器，可根据设置条件进行自动留样，留样后自动密封（浮船式水站除外）。应在合适位置安装视频监控设备，可监视设备的整体运行情况，观察取水单元工作状况和水位、流向等水文情况，同时也可观察水站院落、站房、供电线路等周边环境，并能够远程查看视频图像信息。

站房应安装门禁系统，可自动记录站房出入情况并上传至平台。

4.1.2.5　系统调试技术要求

（1）功能检查

①系统功能

系统组成应完整，具有良好的扩展性和兼容性，能够方便地接入新的监测设备。系统和仪器应能够实现对氨氮、高锰酸盐指数、总磷和总氮水质自动分析仪器零点核查、跨度核查、加标回收率自动测试等功能（浮船式水站除外）。

系统应具有仪器关键参数上传和远程设置功能，能接受远程控制指令，可进行异常信息记录、上传功能，包括采水故障、部件故障、超标报警、缺试剂报警等功能，具有分析仪器及系统过程日志和环境参数记录功能，并能够上传至平台。在不影响试剂溶解性的情况下，系统应保证分析仪器运行时所用的化学试剂处于（4±2）℃低温保存（浮船式水站除外）。此外，还应具有断电再度通电后自动排空、自动清洗管路、自动复位到待机状态的功能。

视频应实现全方位、多视角、全天候式监控，视频图像应清晰，应满足至少1个月的存储能力；浮船式水站应能够采集蓄电池电量信息，同时具备报警功能，当舱室出现漏水、船体周边有人或物非法接近、舱门被非法开启、电量低于20%时应进行报警；浮船式水站应具有船体、电源、通信三级防雷设计，应符合防雷规范的要求；视频监控单元应根据上述报警事件联动进行视频录制；浮船式水站应配备不少于3套水上救生用品（救生衣和救生圈）。

②仪器功能

氨氮、高锰酸盐指数、总磷、总氮自动分析仪应具有自动标样核查、空白校准、标样校准等功能，仪器应具有量程切换、异常信息记录和上传功能，可记录包括部件故障、超标报警、缺试剂报警等信息，并具有过程日志记录功能。应具有RS-232/485、TCP/IP等标准通信接口和1次/小时的监测能力。

（2）采配水单元调试

采配水单元应满足以1小时为周期的运行要求，可通过控制单元依次操作各单元，检查采水泵、增压泵、空压机、除藻单元、液位计、各阀门、液位开关、压力开关、匀化装置等部件工作状态是否正常（浮船式水站除外）。执行采配水分步和清洗流程，分别检查采配水管路有无漏液，五参数检测池、预处理水箱等排水是否彻底，有无残留（浮船式水站除外）和自动反清（吹）洗是否正常、清洗管路有无漏液（浮船式水站除外）等。

（3）仪器要求及调试

①仪器要求

常规五参数、高锰酸盐指数、氨氮、总磷、总氮分析仪器须通过环境监测质量监督检验中心的适用性检测。针对Ⅰ类目标水体，各分析仪器检出限应小于该监测项目的水质类别限值。当监测项目浓度连续超出仪器当前跨度值时，应重新确定跨度，仪器应能够切换量程满足新跨度的要求。

②仪器调试

应开展自动分析仪器准确度、重复性、检出限、多点线性核查、集成干预检查、加标回收率测试、实际水样比对等测试，其测试指标应满足相应技术要求。跨度值应根据监测项目的水质状况确定。

（4）控制单元调试

检查 VPN 设备、光纤收发器、无线模块连接是否正确，控制单元与仪器之间的通信是否正常，仪器监测数据与控制单元采集的数据是否一致。应按照《地表水自动监测仪器通信协议技术要求（试行）》进行调试，并做好记录，最后检查控制单元中分析仪器关键参数与仪器设置的参数是否一致。

（5）辅助设备调试

检查废液收集或废液自动处理装置是否满足要求，站内安防、温湿度传感器等是否正常。按要求进行视频监控设备操作，检查图像是否清晰，检查视频焦距调整和视频存储功能是否正常。检查站内稳压电源、不间断电源等设备是否正常（浮船式水站除外）。开展异常留样功能测试，验证自动留样器工作是否正常，检查留样完毕后能否进行自动密封（浮船式水站除外）。检查浮船式水站非法接近报警、开舱报警、水浸报警、高温报警、全球定位系统（GPS）定位等功能是否正常。

（6）系统联调

①系统调试

设定系统运行周期（常规五参数、叶绿素 a、蓝绿藻密度按 1 次 / 小时，其他监测项目按 1 次 /4 小时测试，并进行加密监测测试），同时以 24 小时为周期进行零点核查 / 漂移测试、跨度核查 / 漂移测试，设定加标回收率自动测定周期，进行完整流程调试，包括采水、预处理、配水、自动分析检测、质量控制检测、管路清洗、数据采集传输等流程，进行水站系统全流程自动测试，验证系统是否正常运行，质量控制测试是否满足《地表水水质自动监测站运行维护技术要求（试行）》中的要求。

②联网调试

设置控制单元与平台通信参数，检查通信是否正常，检查仪器、控制单元及平台的数据及相关信息是否一致，应按照《地表水自动监测系统通信协议技术要求（试行）》进行调试，并做好记录。

检查水站分析仪器数据是否可实时、准确上传至平台，数据时间、数据标识是否正确。

检查水站运行状态及仪器关键参数信息是否实时、准确上传至平台。

验证数据管理平台与水站分析仪器的各项远程控制指令，包括仪器远程参数设置、远程质控、远程启动测量、远程调阅设备运行日志等。

检查水站视频是否可以远程查看，视频图像是否清晰。

（7）关键参数建档

系统调试完毕后，应完整记录系统集成及仪器的关键参数，保证与上传至平台的信息保持一致，做好记录和存档。

4.1.2.6 运行维护基本要求

（1）运维机构

运维机构应建立覆盖人员、机器、原料、方法、环境等环节的运维管理体系，保障地表水水质监测系统正常可靠运行。

（2）运维人员

运维人员应经培训合格后上岗，具有相关的专业知识，能独立完成水站维护工作。

（3）监测频次

常规五参数、叶绿素 a、蓝绿藻密度应按照 1 次 / 小时的频次进行监测，其他监测项目应按照 1 次 /4 小时的频次进行监测，具体时间为 0：00、4：00、8：00、12：00、16：00、20：00，必要时可进行加密监测。

（4）水站运维管理手册

运维机构应根据水站的配置、仪器性能、断面上下游污染源分布情况以及支流汇入等情况，编制水站运维管理手册。

（5）运维计划与运维报告

①运维计划

运维机构应定期制订运维计划，内容包括维护时间、维护人员、维护内容（试剂更换、耗材更换、仪器校准、部件清洗）等。

②运维报告

运维机构每月 3 日前应提交上月运维报告，内容包括水站参数配置、维护人员、实际巡检日期、维护内容、维护效果等。

（6）质控计划与质控报告

①质控计划

运维机构每月最后一周应制订下月质控计划，内容包括水站各监测项目质控措施及计划质控时间、质控测试所采用的标准溶液浓度等。

②质控报告

运维机构每月 3 日前应提交上月质控报告，内容包括水站名称、仪器配置、维护人员、已实施的质控措施、质控实施日期、各监测项目标准溶液浓度、质控结果说明、校准及维护措施数据有效率等。

4.1.2.7　自动监测仪器及系统通信协议技术要求

（1）系统结构

在线监测仪器与数采仪之间通信协议应采用 Modbus RTU 标准，数采仪作为 Modbus 主机，每台在线监测仪器作为 Modbus 从机。

（2）协议层次

在线监测仪器与数采仪之间通信协议应采用 Modbus RTU 标准，可承载在多种通信接口上。

（3）通信协议

在线监测仪器与数采仪之间通信协议应采用 Modbus RTU 标准，通过 Modbus 寄存器定义通信数据。

4.1.2.8　常规五参数现场比对技术要求

水站常规五参数水样比对测试除水温外应连续进行 6 次，每次测试后探头应在空气中达到稳定后再进行下一次测试，比对合格 4 次以上可认定比对实验结果合格。记录的在线仪器测试值应为便携设备测量稳定后的同时段显示值。

水站常规五参数现场比对工作流程如图 4-2 所示。

水站常规五参数现场比对技术要求见表 4-1。

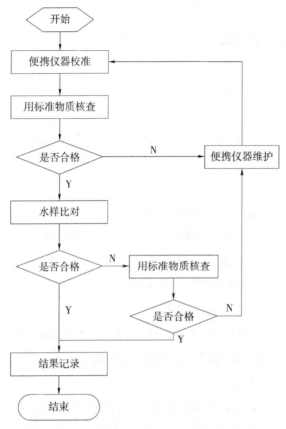

图 4-2　水站常规五参数现场比对工作流程

表 4-1　水站常规五参数现场比对技术要求

监测项目	技术要求		备注
水温	± 0.5 ℃		—
pH	± 0.5		—
溶解氧	± 0.8 mg/L		—
	溶解氧过饱和时比对结果不考核，采用无氧水或饱和溶解氧核查		便携与在线仪器均过饱和*
电导率	电导率>100 μS/cm	± 10%	—
	电导率≤100 μS/cm	± 10 μS/cm	—
浊度	浊度≤30 NTU	不考核，采用标准物质核查	限值判定为便携比对仪器测量值
	30 NTU<浊度≤50 NTU	± 30%	
	50 NTU<浊度<1 000 NTU	± 20%	
*　溶解氧过饱和是指水中溶解氧超过《水质 溶解氧的测定 电化学探头法》（HJ 506—2009）中不同条件（水温、盐度）下氧在水中溶解度的饱和值。			

4.1.3 质量控制体系

自动监测质量控制体系（图 4-3）包含贯穿水质自动监测站运行的日质控、周核查和月质控的多级质量控制体系，日质控包括零点核查、跨度核查、零点漂移和跨度漂移，周核查包括每周使用标准物质对五参数进行核查，月质控包括多点线性、集成干预、实际水样比对和加标回收。自动监测质量控制体系是可溯源关键参数上传和可远程控制的多维度质控体系。

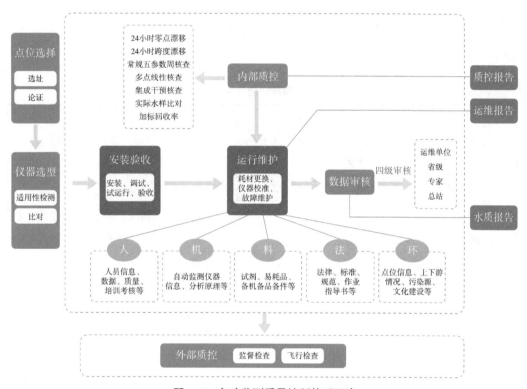

图 4-3　自动监测质量控制体系示意

（1）总体目标

建立由日质控、周核查和月质控等多级质控措施以及仪器关键参数上传、远程控制等组成的多维度质控体系，以保证地表水水质自动监测站数据质量。

（2）总体要求

①当监测项目水体浓度连续超出仪器当前跨度值时，应重新确定跨度，并进行标样核查；当监测项目水质类别发生变化且未超出当前跨度值时，可继续使用当前跨度。

②当监测项目上一个月 20 天以上为Ⅰ～Ⅱ类时，质控措施应按照Ⅰ～Ⅱ类水体

的质控要求进行；否则质控措施应按照Ⅲ～劣Ⅴ类水体的质控要求进行。

③自动监测仪器零点核查、跨度核查、水样测试应使用同一量程或同一稀释流程（稀释倍数），所选跨度核查液浓度应大于当前水体浓度值。

④每周进行的质控措施，与前一次间隔时间不得小于4天；每月开展的质控措施，与前一次间隔时间不得小于15天。

⑤所有维护及质控测试均应形成记录。

（3）质量保证与质量控制措施及实施

①质量保证与质量控制措施实施要求

水站应按照表4-2规定的质控措施开展水站质控工作，实施频次应不低于表4-2规定。

表4-2 质控措施及实施频次

质控措施	水质类别		质控频次	实施对象
	Ⅰ、Ⅱ类水体	Ⅲ～劣Ⅴ类水体		
零点核查	√	√	≥1次/天	氨氮、高锰酸盐指数、总磷、总氮
24小时零点漂移	√	√	≥1次/天	
跨度核查	√	√	≥1次/天	
24小时跨度漂移	√	√	≥1次/天	
标样核查	√	√	1次/周	常规五参数
多点线性核查	√	√	≥1次/月	氨氮、高锰酸盐指数、总磷、总氮、叶绿素a、蓝绿藻密度
实际水样比对	至少半年进行一次	√	≥1次/月	常规五参数、氨氮、高锰酸盐指数、总磷、总氮
集成干预检查	—	√	≥1次/月	氨氮、高锰酸盐指数、总磷、总氮（浮船式水站除外）
加标回收率自动测试	—	√	≥1次/月	

针对所有水站，氨氮、高锰酸盐指数、总磷、总氮每24小时至少应进行1次零点核查和跨度核查，每月至少应进行1次多点线性核查；针对Ⅲ～劣Ⅴ类水体，氨氮、高锰酸盐指数、总磷、总氮每月至少应进行1次加标回收率自动测试（浮船式水站除外）；针对Ⅲ～劣Ⅴ类水体，氨氮、高锰酸盐指数、总磷、总氮每月至少进行1次实

际水样比对，Ⅰ、Ⅱ类水体至少半年进行 1 次实际水样比对；针对Ⅲ～劣Ⅴ类水体，氨氮、高锰酸盐指数、总磷、总氮每月至少进行 1 次集成干预检查（浮船式水站除外，浊度大于 1 000 NTU 可不进行集成干预检查）；常规五参数应每月进行 1 次实际水样比对，每周进行 1 次标样核查，浮船式水站如遇到天气原因无法登船的可延后进行；叶绿素 a、蓝绿藻密度应每月进行 1 次多点线性核查。

②维护后质控措施实施要求

更换试剂（清洗水除外）后，应进行校准；

当监测仪器关键部件更换后，应进行多点线性核查，必要时应开展实际水样比对；

当监测仪器长时间停机恢复运行时应进行多点线性核查和集成干预检查。

③其他质控要求

监测仪器不允许屏蔽负值；

选用 25℃时 pH 为 4.01、6.86、9.18 左右的标准 pH 缓冲溶液进行核查，每月至少应进行 2 次不同浓度标准溶液核查；

溶解氧每月应进行无氧水核查和空气中饱和溶解氧核查；

电导率和浊度每月应采用与监测断面水质监测项目浓度相接近的标准溶液及其 2 倍左右浓度标准溶液进行核查；

当水站相关质控测试结果接近质控要求限值时应及时进行预防性维护；

多点线性核查未通过时，维护后应先进行零点 / 跨度核查，通过后再进行多点线性核查；

加标回收率、集成干预检查、实际水样比对未通过时，应进一步排查原因，直至核查通过；

每月对备机进行一次标准样品核查，标准样品核查结果应上传至平台；

监测仪器斜率、截距、消解温度、消解时间等关键参数变更须通过运维机构三级审核，否则参数更改后的测试数据将视为无效数据。

（4）质控技术要求

①氨氮、高锰酸盐指数、总磷、总氮质控技术要求

氨氮、高锰酸盐指数、总磷、总氮等指标的零点核查、24 小时零点漂移、跨度核查、24 小时跨度漂移、多点线性核查、加标回收率测试、集成干预检查、实际水样比对应满足表 4-3 的要求。

表 4-3 氨氮、高锰酸盐指数、总磷、总氮质控技术要求

质控措施		技术要求			
		高锰酸盐指数	氨氮	总磷	总氮
零点核查	Ⅰ～Ⅲ类水体	±1.0 mg/L	±0.2 mg/L	±0.02 mg/L	±0.3 mg/L
	Ⅳ～劣Ⅴ类水体	±5%FS			
	注：湖库总磷Ⅰ～Ⅳ类水体为 ±0.02 mg/L；Ⅴ～劣Ⅴ类水体为 ±5%FS				
24 h 零点漂移		±10%	±5%		
跨度核查		±10%（非浮船式水站）	±15%（浮船式水站）	±10%	
24 h 跨度漂移		±10%（非浮船式水站）	±15%（浮船式水站）	±10%	
多点线性核查	相关系数	≥0.98			
	示值误差（浓度＞20%FS）	±10%			
	示值误差（浓度＜20%FS）	参照零点核查要求			
实际水样比对	$C_x＞B_{Ⅳ}$	相对误差≤20%			
	$B_{Ⅱ}＜C_x＜B_{Ⅳ}$	相对误差≤30%			
	$C_x≤B_{Ⅱ}$	相对误差≤40%			
	除湖库总磷外，当自动监测结果和实验室分析结果均低于$B_{Ⅱ}$时，认定比对实验结果合格。当湖库总磷自动监测结果和实验室分析结果均低于$B_{Ⅲ}$时，认定比对实验结果合格				
	注：C_x为实验室分析结果；B为《地表水环境质量标准》（GB 3838—2002）规定的水质类别限值；河流总氮无水质类别标准，可参考湖库标准				
加标回收率自动测试		80%～120%			
集成干预检查	Ⅰ～Ⅱ类水体	两者结果均低于$B_{Ⅱ}$时，认定集成干预检查结果合格（湖库总磷两者结果均低于$B_{Ⅲ}$时，认定比对实验结果合格）			
	Ⅲ～劣Ⅴ类水体	±10%			

②常规五参数质控技术要求

常规五参数每周开展的标准溶液考核和每月开展的实际水样比对应满足表 4-4 的要求。

表 4-4　常规五参数质控技术要求

监测项目	技术要求		
	标准溶液考核		实际水样比对
水温	—		± 0.5℃
pH	± 0.15		± 0.5
溶解氧	± 0.3 mg/L		± 0.5 mg/L
			溶解氧过饱和时不考核
电导率	电导率＞100 μS/cm	± 5%	电导率＞100 μS/cm	± 10%
	电导率≤100 μS/cm	± 5 μS/cm	电导率≤100μS/cm	± 10 μS/cm
浊度	浊度≤30 NTU；浊度≥1 000 NTU	不考核	浊度≤30 NTU；浊度≥1 000 NTU	不考核
	30 NTU＜浊度≤50 NTU	± 15%	30 NTU＜浊度≤50 NTU	± 30%
	50 NTU＜浊度＜1 000 NTU	± 10%	50 NTU＜浊度＜1 000 NTU	± 20%

③叶绿素 a、蓝绿藻密度

叶绿素 a、蓝绿藻密度多点线性核查每个浓度的示值误差、多点线性核查相关系数应满足表 4-5 的要求。

表 4-5　叶绿素 a、蓝绿藻密度质控技术要求

监测项目	质控项目	技术要求
叶绿素 a	多点线性核查	零点绝对误差≤3 倍检出限，其他点相对误差应≤ ±5%，线性相关系数应≥0.993
蓝绿藻密度	多点线性核查	

4.1.4　数据审核体系

自动监测数据审核按照《地表水水质自动监测数据审核办法（试行）》执行，该办法规定了地表水水质自动监测网数据审核的基本要求、职责分工、审核流程、质量控制等管理要求，确定了自动预审、一级初审、二级复审、三级终审的审核流程，建立了运维机构、地方监测中心（站）、总站各单位参与且分工明确的审核体系。

4.1.4.1　自动预审

系统根据存疑数据和无效数据判定规则，制定数据自动预审策略，自动对数据进

行初步判断，对于识别的异常或无效数据自动提醒数据审核人员排查确认，标识数据的有效性，为下一步人工分级审核确认做准备（系统也可对部分数据的有效性直接自动确认，不再需要人工确认环节，提高数据审核效率）。数据自动预审包括存疑数据判定、无效数据判定两项主要内容。

（1）存疑数据判定

当监测数据出现且不仅限于以下情况时，系统标记为存疑数据：

监测数据突然变大、突然变小、连续不变；

监测数据值为 0；

监测数据低于仪器检出限；

当监测项目的关键状态值（消解温度、消解时长、显色温度等）不在合理范围内；

数值间逻辑关系不符合要求。

（2）无效数据判定

当监测数据出现且不仅限于以下情况时，系统标记为无效数据：

水站维护测试时间段内产生的数据；

水质自动分析仪出现故障时产生的数据；

当天 24 小时零点核查、24 小时零点漂移、24 小时跨度核查、24 小时跨度漂移中任意 1 项不满足考核指标要求，前 24 小时的监测数据无效；

当水质自动分析仪多点线性核查、实际水样比对中任意 1 项不满足考核指标要求，当月监测数据全部无效。

4.1.4.2　一级初审

一级初审由运维机构对原始数据进行审核，结合水站现场运行情况，对系统自动预审结果进行确认，对异常数据及时响应与核实，针对无效数据进行标记，并写明原因。

因仪器设备故障导致的数据无效，须详细说明原因（如水泵故障、采水故障等），并提交相关佐证材料；对异常数据应及时进行确认，并提交相关佐证材料。

若出现监测数据异常超标、超量程、突变等异常情况，运维人员须在规定时间内按照《国家地表水水质自动监测站运行维护技术要求（试行）》开展数据核实工作，并在 8 小时内上报总站。

4.1.4.3　二级复审

二级复审由省级监测中心（站）和流域监测中心分别对行政区内全部考核断面和流域内省界断面的自动监测数据开展审核及反馈工作。

数据审核员重点结合断面上下游、湖库点位间、监测指标间关系等对存疑或无效数据进行标记，并在规定时间内通过平台在线提交佐证材料。佐证材料加盖省级监测中心（站）及流域监测中心公章，包括采样点及周边状况图片、上下游最近监测断面的水质监测数据或水量数据、相关说明。

4.1.4.4　三级终审

总站数据审核员对一级、二级审核的数据进行复审，必要时可组织专家进行讨论，判断数据是否有效，最终形成认定结果，并将水质自动监测数据进行入库。数据一经入库不可修改，通过平台将数据发布。

对存疑数据复审时，综合考虑以下因素：

一级、二级审核提交的存疑数据相关佐证材料；存疑数据的监测全过程，包括从开始采样到分析结束的全部过程日志和影像资料；采样点现场水体及周边状况、气象条件影像；断面近一个月以来历史数据及变化趋势；河流上下游、湖库各区域各监测项目浓度水平；最近一次手工监测数据；质控数据结果。

4.1.4.5　时间要求

各级数据审核员应在规定时间内完成数据审核及提交佐证材料。因电力、网络故障等原因未及时上传，导致无法在规定时间内完成审核的数据，直接由总站数据审核员在月度数据结转前审核完毕。

①一级数据审核员应于每日 12 时前完成前一日监测数据的审核，于第 2 日 24 时前通过平台在线提交无效数据的佐证材料。如无法在规定时间内提交佐证材料，运维机构应在 72 小时内提交书面说明，否则，以总站判定的结果为准。

②二级数据审核员应于每日 12 时前完成前一日监测数据的审核。于每月 16 日、26 日、最后一日前分别通过平台在线提交当月 1—14 日、15—24 日、25 日至最后一日的佐证材料。逾期提交的材料不予受理。

③三级数据审核员应在每月 1 日前必须完成对一级、二级审核结果的复核，以及全部存疑数据的审核。

4.2　采测分离手工监测运行机制

采测分离模式是由中国环境监测总站统一制订采测分离实施计划，委托第三方采样公司按照统一的技术规范要求进行采样和部分项目的现场监测、对样品加密混合、按照实施计划随机分送至地方监测站，地方监测站对水样进行集中分析并将监测数据直接传至总站的模式。采测分离模式从机制上将地表水环境监测过程与利益相关方脱钩，从根本上打破了传统的属地监测模式，实现了由"考核谁、谁监测"到"谁考核、谁监测"的过渡，将现场采样和实验室分析两个环节独立化，保证了监测过程各个环节的相对独立性和客观公正性，有效地避免了监测数据的行政干预。为保证采测分离手工监测网络稳定、高效运行，从管理制度、监测技术、质量控制和数据审核四方面进行了探索研究。

4.2.1 管理制度体系

采测分离手工监测管理制度包括系列管理办法和规定，从管理制度上保障采测分离手工监测的有序、正常运行。《地表水环境质量监测网采测分离管理办法（试行）》针对具体职责分工和运行管理方式进行了明确；《地表水环境质量监测网断面桩设置与管理规定（试行）》明确了断面属性和位置，不得擅自更改；《地表水环境质量监测网采测分离监督检查管理办法（试行）》明确了相关方责任分工、检查结果反馈机制、问题处理机制和整改机制；《地表水环境质量监测网廉洁运维正面清单和禁止清单（试行）》对运维行为提出了基本要求和严格禁止规定，防止弄虚作假行为发生。

4.2.1.1 职责分工

①生态环境部负责国家地表水环境质量监测网采测分离的统一管理，制定采测分离管理制度，组织开展监督检查。

②中国环境监测总站受生态环境部委托，负责采测分离的组织实施，以标准化、规范化和信息化为重点，制订采测分离实施计划和质量保证、质量控制方案，对监测的全过程质量控制体系负责。

③省级生态环境主管部门负责本行政区内国家地表水环境质量监测网采测分离的协调保障；按照统一规范要求，组织设立和维护国家地表水环境质量监测断面（点位）断面桩；负责组织水质变化原因分析，并及时处理水质异常情况。

④采样单位按照相关技术标准、规范，负责样品采集、现场检测（包括水温、pH、溶解氧、电导率、透明度、盐度和流量等指标）、样品保存、样品运输和样品交付等工作。

⑤检测单位按照相关技术标准、规范，负责样品接收、样品保存、样品前处理、样品检测分析和数据传输等工作。

4.2.1.2 运行管理方式

①中国环境监测总站负责制订采测分离监测计划并组织实施开展样品采集和检测分析工作，并对采样单位和检测单位上报的数据异常情况进行综合判断，针对水质异常断面及时报送生态环境部并将有关情况同时通报省级生态环境主管部门。同时，根据水环境管理要求，调整断面（点位）的样品采集时间，必要时组织开展加密

复测。另外，建立样品异地检测和检测单位动态调整机制，优先安排下游城市的检测单位承担上游城市断面（点位）样品的检测分析任务，在必要时对检测单位进行轮换。

②采样单位根据总站的采测分离监测计划，制订配套的采样方案；要求每个断面至少安排 2～3 名人员参加采样，在现场检测过程中发现数据异常时，应当对仪器仪表状态和质量控制情况进行检查，确认仪器无误后，将水质异常情况及时报送总站；完成采样后，样品送达检测单位应在 18 小时内，超期按退样处理，并重新申请采样；采样后 24 小时内将断面（点位）的现场照片和采样视频上传至总站；样品送达后 24 小时内将样品交接和混样等影像资料、运输过程中冷藏车的温控记录上传至总站；建立人员轮换机制，实行同一断面（点位）的采样人员定期轮换，原则上每半年至少轮换一次；加强人员的保密教育，对断面（点位）的采样时间、样品送测关系、采样频次等信息严格保密。

③检测单位根据总站的采测分离监测计划，制订配套的检测分析方案，建立采测分离期间值守制度，合理安排人员、仪器、物资等，确保在样品保存有效期内完成对监测项目的检测分析工作。在检测分析过程中，发现数据异常情况（如重金属、有毒有害物质浓度超过地表水Ⅲ类标准限值等），应立即对检测分析全过程开展排查，并对留样重新进行检测分析，确认样品异常的，及时报送总站。

④采样单位和检测单位应当定期开展人员安全教育和培训，采取必要安全措施保障样品采集和检测分析人员的人身安全。

⑤采测分离监测期间如遇法定节假日，或出现地震、台风、洪水等自然灾害，或国家重大活动临时管制等情况，经总站确认后，样品采集和检测分析时限可适当顺延。

⑥断面（点位）汇水范围内实施水污染治理工程的，可选用临时替代断面（点位）开展监测，临时替代断面（点位）应当提前 2 个月申报，替代时间原则上不超过 3 个月，具体要求按照《水污染防治行动计划实施情况考核规定（试行）》执行。

4.2.1.3　断面桩设置要求

按全国统一断面桩制式要求（表 4-6），断面桩应埋设在水体易到达一侧的醒目位置。湖库点位断面桩应埋设在岸边水质自动站监测处，无水质自动监测站的，应埋设在采样船出发点或附近易于到达的位置。具体要求见表 4-6。

表 4-6　断面桩制式要求

项目	细分项目	参数要求
桩体	材质	花岗岩
	桩体尺寸	长度 200 mm，宽度 200 mm，高度不小于 1 500 mm
	地上桩体高度	不小于 800 mm
	地下桩体高度	500 mm
	桩体圆角	半径 =20 mm
	桩体倒角	10 mm × 10 mm
	底座尺寸	长度 800 mm，宽度 800 mm，高度不小于 200 mm
	底座圆角	半径 =20 mm
	底座倒角	10 mm × 10 mm
标识	正面	生态环境部徽标、信息标识牌、断面名称
	背面	生态环境部徽标、二维码标识牌、断面名称
	左面	"国家财产　不得损坏"、黑体、170 pt、红色喷涂
	右面	设置时间、黑体、170 pt、红色喷涂
	顶面	二维码标识牌
	徽标	直径 100 mm、绿色及白色喷涂
	断面名称	黑体、红色、字体大小根据字数适当缩放（超过 6 个字推荐字体大小为 120 pt）
标识牌	材质	304#（或更高级别）不锈钢、厚度 2 mm 以上
	表面处理	亚光拉丝工艺
	外形尺寸	正方形、140 mm × 140 mm
	信息标识牌	内容自上而下分别为：二维码（30 mm × 30 mm）、"国家地表水环境监测"（黑体，24 pt）、断面基本信息表（宋体、14 pt）
	二维码标识牌	内容自上而下分别为："国家地表水环境监测"（黑体，24 pt）、二维码（80 mm × 80 mm）
	工艺	采用激光雕刻技术、黑色喷涂
	安装方式	四角预留直径为 4 mm 的孔位，通过结构胶居中粘贴，并在四角加装长度为 15 mm 的不锈钢螺丝加固

4.2.1.4　监督检查机制

采测分离监督检查坚持普查与抽查相结合的方式，每年开展全面性检查，同时坚持问题导向，强化飞行检查和双随机检查力度，针对重点区域以及水质监测数据同比（或环比）变化较大、上下游水质数据逻辑性不相符、擅自变更采样位置等问题开展检查。人为干预检查以现场检查和视频抽查等方式开展，包括采样计划制订、现场采样、现场监测、样品运输和样品分析等各个环节。同时，针对断面附近是否存在人为干扰加以研判，并对廉洁保密要求的落实情况开展检查。

4.2.1.5　廉洁保密要求

为进一步规范国家地表水环境质量监测网运维人员行为，保证监测数据和信息准确可靠，《国家地表水环境质量监测网廉洁运维正面清单和禁止清单（试行）》对运维行为提出 8 项基本要求和 12 项严格禁止规定。

（1）基本要求

①采样现场或运维过程中，地方人员有擅自拍照、阻挠、要求分装样品等干扰监测行为的，应立即拒绝、劝阻并在原始（运维）记录中做好备注；

②采样或运维过程中需要地方提供船只、协调通行等基础保障的，应提前做好情况说明并在采样或运维记录上备注；

③发现断面（点位）、自动站上下游及周边规定范围内有新增排污口、发生污染事故或存在非法倾倒行为的，应及时向中国环境监测总站报告；

④发现断面（点位）、自动站取水口上下游及周边规定范围内，临时设置人工喷泉、曝气等增氧措施或投放生物、化学药剂等，应及时向总站报告；

⑤发现断面（点位）、自动站取水口上下游及周边规定范围内，存在截污改道，或以筑坝、开沟、引渠等方式改变河道走向等异常情况的，应及时向总站报告；

⑥现场监测数据异常时，应立即向总站报告；

⑦运输人员根据监测计划，可在规定时间内按要求与分析测试单位取得联系，告知样品送达时间；

⑧积极配合各地新冠肺炎疫情防控工作，做好健康防护。

（2）严格禁止规定

①严禁违规向地方相关部门或人员透露采样时间、监测频次、送测关系等关键信息；

②严禁擅自变更采样时间、采样方式、断面或采水口位置；

③严禁篡改、伪造或者指使篡改、伪造监测数据和仪器关键参数；

④严禁通过稀释、勾兑、替换等方式，改变水样代表性；

⑤严禁擅自给地方相关部门或人员采集样品或分装水样；

⑥严禁擅自向地方相关部门或人员透露监测数据或水质评价结果；

⑦严禁私自带领非运维人员进入水站或采水口现场范围活动；

⑧严禁擅自使用地方部门或人员提供的交通工具；

⑨严禁利用工作之便向地方推销技术服务、产品设备，或要求参加、承揽地方相关项目；

⑩严禁收受地方相关部门或人员的红包、礼品礼金、有价证券、土特产等；

⑪严禁参加地方相关部门或人员组织的宴请、参观、旅游、娱乐项目等；

⑫严禁由地方报销本应由运维机构或运维人员个人承担的住宿费、饭费、交通费等。

4.2.2 监测技术体系

采测分离监测任务承担单位应严格按照《地表水环境质量监测技术规范》（HJ 91.2—2022）和《国家地表水环境质量监测网监测任务作业指导书（试行）》中规定的国家或行业标准分析方法进行监测，确保监测数据准确、可比。除此之外，针对采测分离特殊的监测模式，研究制定了一系列技术导则和规定，从监测技术上保障采测分离手工监测的科学、规范运行。《地表水环境质量监测网采测分离采样技术导则》从采样方案制订、采样器材准备、样品瓶准备、配套试剂准备、采样点位确认、水样采集方法、保存剂添加和水样冷藏运输等方面作了详细规定；《地表水环境质量监测网采测分离现场监测技术导则》对现场监测的水温、pH、溶解氧、透明度等指标建立了统一的操作规程；《地表水采测分离监测采样用试剂耗材检验技术规定（试行）》对影响采样质量的试剂、纯水及耗材的质量检验作了明确规定；《地表水采测分离现场监测异常数据处置技术要求（试行）》对监测过程中出现的异常情况处理方式进行了明确规定；《地表水采测分离现场监测影像记录技术要求（试行）》对现场监测影像录制提出了细化要求。

4.2.2.1 方案制订要求

制订方案前，应首先确定需要完成采样的所有断面的基本情况，必要时进行现场踏勘，确认断面采样方式，包括船只采样、桥梁采样、涉水采样和其他采样方法等。

（1）船只采样

湖库点位和水体较深的河流断面宜采用船只采样。采样单位需提前根据断面实际情况，确定需使用船只的规格，采样前准备好所需船只，并准备好救生衣等防护用品。上船前应检查所有采样用品并确保完备，尽量避免行船带来的扰动影响。

（2）桥梁采样

桥梁采样适合于频繁采样，并能在横向和纵向准确控制采样点的位置。桥梁采样时采样单位需初步了解桥与水面距离，断面所处河流深度以及河流宽度等信息，依据实际情况准备测量工具、采样工具和其他辅助工具。时刻注意来往车辆，确保采样人员和设备的安全。

（3）涉水采样

较浅的小河和靠近岸边水浅的采样点可涉水采样。涉水采样时采样人员应穿戴涉水服、救生衣，佩戴安全绳，采样人员应站在下游，向上游方向采集水样，采样时避免搅动沉积物而污染水样。

（4）其他方式采样

在无船无桥且水体较深无法进行涉水采样的特殊情况下，经综合研判后可在岸边进行采样，应保证采样过程的规范性；此外，采样单位可参照相关技术规范进行，用无人船、无人机或其他手段采样。但需保证样品代表性及人员、设备安全。

（5）特殊情况采样

感潮断面采样时需根据潮汐时间，尽量选择昼间退平潮期间采样。

雨季采样需提前了解断面采样期间降雨情况，避开大雨或暴雨对河流水质影响较大或地表有明显径流时期，等水质稳定以后再进行采样。梅雨季节或频繁降雨期间，可采集有代表性样品。采样时在避免扰动底部沉积物的同时应避开水面漂浮物，水样收集环节应注意遮雨。

4.2.2.2　物资耗材准备要求

采样单位应按照断面情况，组织专人准备采样器材、现场监测仪器、采样瓶、固定剂和纯水，并通知采样小组长。每个采样小组根据所分配的断面情况，领取设备，做好领取记录。现场监测仪器由专人完成校准并填写校准记录，校准记录随现场监测仪器带至采样现场。由专人负责样品瓶的清洗与空白检验，固定剂、纯水的制备与检验，每月出具检验报告。

（1）采样、现场监测器材及设备要求

采样器材包括采样器、盛水容器、样品瓶和其他所需辅助设备。

采样器包括长柄勺、表层采样器、深层采样器及石油类采样器等。盛样品容器可使用塑料桶（冬季采样需要具备保温功能）。其他所需辅助设备包括虹吸装置、可溶态重金属抽滤装置、过滤筛（网）、离心设备、绞车、破冰工具及冰雪清理工具、计算机、二维码打印机、定位系统终端、数据终端、执法记录仪、测距仪、水深计、绳索、冷藏箱、温度记录仪、移动电源等。

现场监测设备：温度计、溶解氧仪、pH 计、电导率仪、盐度计、浊度计、塞氏盘等。

（2）纯水和固定剂要求

分析工作离不开纯水，实验室用水的质量应符合《分析实验室用水规格和试验方法》（GB/T 6682—2008）的要求。实验室必须配备满足实验室用水要求的纯水机，不允许使用市售蒸馏水、纯水等。

固定剂主要包括 10 种：浓酸 4 种（浓硫酸、浓硝酸、浓盐酸、浓磷酸）、固体 2 种（氢氧化钠、硫酸铜）、溶液 4 种（乙酸锌乙酸钠溶液、1% 碳酸镁悬浊液、4 g/L 氢氧化钠溶液、40 g/L 氢氧化钠溶液）。除碳酸镁外，所有采测分离监测用试剂均应为优级纯及以上试剂纯度。

（3）样品瓶要求

样品瓶包括硬质玻璃瓶（G）和聚乙烯瓶（P）。

样品瓶数量应按照采样点进行统计（采样点根据断面需采集的垂线数和垂线数上的采样层数统计），同时还需按照全程序空白样、平行样的要求准备相应数量的样品瓶。

在开展地表水环境质量监测的过程中，每个玻璃瓶或聚乙烯瓶采集样品不尽相同，为保证样品检测结果的准确性，开展不同样品采集时，样品瓶的洗涤方式也不同，具体方式见表 4-7。

表 4-7　样品瓶洗涤方式

洗涤顺序	洗涤方式	对应采集样品					
		高锰酸盐指数、氨氮、化学需氧量、总氮、挥发酚、氰化物、硫化物、五日生化需氧量、氟化物、叶绿素 a、硝酸盐氮、亚硝酸盐氮	石油类	砷、硒、汞、铬（六价）	总磷	铜、铅、锌、镉	阴离子表面活性剂
1	铬酸洗液	—	—	—	1 次	—	1 次
2	洗涤剂	1 次	1 次	1 次	—	1 次	—
3	自来水	3～5 次	2～3 次	2～3 次	3 次	2～3 次	—
4	蒸馏水	1 次	—	—	1 次	—	—
5	1+3 硝酸	—	1 次	浸泡 24 h 以上	—	—	—
6	1+1 硝酸	—	—	—	—	浸泡 24 h 以上	—
7	甲醇	—	—	—	—	—	荡洗 1 min
8	自来水	—	—	3 次	3 次	3 次	3 次
9	蒸馏水	—	—	1 次	—	—	1 次
10	去离子水	—	—	1 次	1 次	—	—

（4）试剂耗材检验要求

按照《地表水监测采测分离采样用试剂耗材检验技术规定（试行）》（总站水字〔2018〕536 号）对样品瓶及固定剂进行检验。

①样品瓶抽检

针对需添加固定剂项目的样品瓶取两份纯水于相应的样品瓶中，用一次性滴管加入规定量的固定剂，混匀，在水平振荡器上振荡 5 小时，然后按照对应项目的检测方法测定水样浓度；针对不需添加固定剂项目的样品瓶需向相应的样品瓶中加入纯水，于水平振荡器上振荡 5 小时，然后按照对应项目的检测方法测定水样浓度。

每种材料不同规格的样品瓶每批至少抽取 5%（不足 100 个样品瓶时，最少抽取 5 个）经清洗后的样品瓶，按项目进行空白试验。分析测试方法应使用《国家地表水环境质量监测网监测任务作业指导书（试行）》推荐方法，优先选用方法检出限低的方法。空白试验结果低于检出限，抽检结果合格。当检测结果高于检出限时，应查找原因，重复清洗本批次至合格为止。若全程序空白样有检出，应适当增加对应项目的样品瓶抽测比例。

②固定剂抽检

每次采样任务开始前、采样任务结束后针对固定剂进行抽检。取两份纯水样品于相应的样品瓶中，用一次性滴管加入规定量的固定剂，然后按照固定剂对应项目的检测方法，测定水样浓度。如果检测结果小于方法检出限，则该瓶固定剂及一次性滴管合格；否则，应逐一排查原因，通过更换或不用某种试剂、耗材确认污染源。应优先选用方法检出限低的方法。抽检必须覆盖固定剂添加的所有分析项目，所有分装后的固定剂均需检验。

4.2.2.3　现场采样及监测要求

（1）采样要求

①准备好采样器、现场监测仪器、静置桶、样品瓶、样品标签、固定剂、绞车、滑轮、个人防护用品等物资。

②将采样器固定于采样绳或绞车钢索上。

③采集中下层水样时，选取适用采样器、铅锤、手摇或电动绞车（带深度计数器）等采样工具。在船只或桥梁上固定好滑轮、绞车，检查滑轮、绞车牢固度，保证能够安全操作，绞车应避开采样船发动机尾气位置。

④将采样器缓慢垂降至河流表面，使用夹子、记号笔、绸带等在采样绳上做好标记。

⑤按照采样深度将采样器沉入水中，通过皮尺等丈量沉入水面下的采样器深度，至采样深度时采集水样。用水样荡洗采样器具、静置桶等器材 2～3 次。

⑥正式开始水样采集工作，采集足够量的水样。采样时不可搅动水底部的沉积物，不能混入漂浮于水面上的物质。

（2）现场监测要求

现场监测项目原则上应进行原位监测。若条件不允许，可使用采样器采水，转移至监测容器中，进行取样监测。不同项目开展监测时，注意事项如下。

①温度计

监测人员手提温度计顶部，保持温度计垂直，读数时视线与温度计的毛细管顶端处在同一水平面，避免阳光的直接照射。

测温要避开船只排水的影响。

当现场气温高于35℃时，温度计在水中的停留时间要适当延长，以达到温度平衡。当现场气温低于-30℃时，从温度计离开水面至读数完毕应不超过3秒。

② pH

使用过的标准缓冲溶液不允许再倒回原瓶中。

当被测样品 pH 过高或过低时，可选用与其 pH 相近的其他标准缓冲溶液。

每个样品测定后用蒸馏水冲洗电极。

③溶解氧

样品接触探头的膜时，应保持一定的流速，以防止与膜接触的瞬时将该部位样品中的溶解氧耗尽而出现错误的读数。流速可参照仪器说明书。

盐度较高的水会对溶解氧的测量有影响，在测量过程中应进行盐度补偿。

测量过程中应避免阳光直射。

针对高原湖泊开展溶解氧监测时设备需具备压力补偿功能。

④电导率

使用电导率测定仪时应尽量避免信号塔、电动机、发电机等引起的电磁干扰。

电导率测定仪在更换电极、电池时，必须进行校准。

⑤透明度

测量时监测人员应尽可能接近水面，不可在桥上或岸边测量。测量时应尽量避开水草、垃圾、油膜等杂物的干扰。

在雨天及大量浑浊水流入水体时，或水面有较大波浪时，不宜测量透明度。

透明度盘应保持洁白，当因使用时间较长或其他原因导致盘面白色变黄或油漆脱落、污脏时，应重新油漆或更换。

⑥浊度

将样品倒入样品池内，倒入时应沿着样品池缓慢倒入，避免产生气泡。仪器样品池的洁净度及是否有划痕会影响浊度的测量，应定期进行检查和清洁，有细微划痕的样品池可通过涂抹硅油薄膜并用柔软的无尘布擦拭来去除。10 NTU 以下样品建议选择入射光为 400～600 nm 的浊度计，有颜色样品应选择入射光为（860±30）nm 的浊度计。

4.2.2.4　现场监测异常数据处置技术要求

现场监测项目中，pH 和溶解氧为水质类别评价指标，当现场数据监测结果出现异常时，应依据国家地表水采测分离现场监测异常数据处置流程进行验证，验证流程见图 4-4。

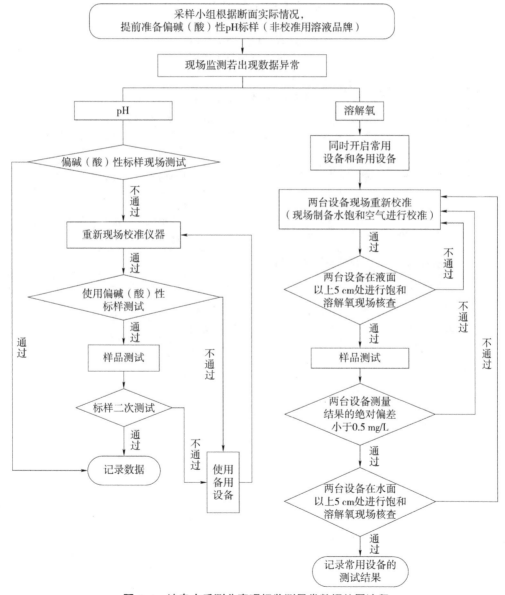

图 4-4　地表水采测分离现场监测异常数据处置流程

4.2.2.5 现场监测影像记录技术要求

为了进一步加强现场监测规范性，全面确保监测数据质量，对现场监测影像录制提出更加细化的要求，详见表4-8。

表4-8 地表水采测分离现场监测影像记录技术要求

序号	监测步骤	拍摄形式	拍摄内容	说明事项	报送要求
1	现场监测全过程	视频	记录现场监测全过程，从断面桩扫码至样品封箱装车	须包含样品采集的全过程，采集后的样品需全程处于视频内	存档备查
2	扫码签到	照片	断面桩全貌、扫码的工作人员、断面桩位置信息（如附近的河流、桥等）	—	现场上传至系统
3	环境踏勘	照片	拍摄上游、下游、左岸、右岸、水面全貌、环境条件（如气温、气压等）各一张	清晰反映断面周边环境，特别是存在排污口、居民区、船只码头、畜禽养殖等情况	
4	破冰位置	照片	拍摄破冰位置近景和远景（所有破冰位置）各一张	近景反映破冰动作；远景反映破冰位置在规定采样点范围内	
5	破冰后情况	视频	破冰涌水情况	清晰反映出涌水速度及水体性状	
6	测量河宽	照片	测量河宽动作	—	
7	测量水深	照片	测量水深动作	—	
8	现场监测仪器现场核查	照片	拍摄 pH、溶解氧、电导率核查数值；数值出现异常情况须现场校准，并拍摄现场校准数值	显示仪器核查示值（要求环境背景能体现是在采样现场）及校准液标签信息	
9	测量水温	照片	显示水样的水温数值	—	
10	测量 pH	照片	显示水样的 pH 数值	—	
11	测量电导率（盐度）	照片	显示水样的电导率（盐度）数值	感潮河段、入海控制断面、高盐度湖泊必测盐度	
12	测量溶解氧	照片	显示水样的溶解氧数值	—	
13	测量浊度	照片	显示水样的浊度数值	—	
14	水样采集	照片	从采水器倒入静置桶（用滤网过滤时，须体现过滤过程）	—	
15	采集石油类样品	照片	样品采集后提拉过程	清晰反映石油类采样量	

续表

序号	监测步骤	拍摄形式	拍摄内容	说明事项	报送要求
16	抽滤	照片	体现抽滤操作	不限于抽滤过程中的某个环节	
17	沉降前后对比	照片	用两个透明玻璃瓶（容积不少于 500 mL）分别装取沉降前、后的水样	在一张照片内同时显示沉降前后采样瓶水体性状（背景为白底或自然光）	
18	离心前后对比	照片	需要离心时，用两个透明玻璃瓶（容积不少于 500 mL）分别装取离心前、后的水样	在一张照片内同时显示离心前后采样瓶水体性状（背景为白底或自然光）	
19	总磷样品	照片	水体颜色、浑浊度等性状	拍摄背景为白底	
20	样品分装	视频	拍摄从采水桶引流到各个采样瓶的操作全过程	分装 BOD_5 要求体现出引流管插入位置、瓶口溢水；分装硫化物要求体现出先加乙酸锌乙酸钠然后注水至瓶颈处，再加氢氧化钠，水样不得溢出	现场上传至系统
21	加固定剂	视频	拍摄加固定剂的全过程，包括加入量、具体操作以及 pH 验证等	需体现样品标签、固定剂标签和 pH 比色情况，须分别在执法记录仪镜头前停顿 2 秒	
22	样品装箱	照片	显示冰排、温度计摆放位置	——	
23	箱号、封条、铅封	照片	显示封条和铅封的完好性及铅封的编码	——	
24	现场填写纸质记录表	照片	包括所有填写完整的纸质记录表	拍摄记录表格	

注：①所有上传系统的照片及视频应有经纬度、时间水印等信息。②采样完成后，采样人员须在现场将断面/点位的现场照片上传系统，视频当天上传系统；现场不具备上传条件的，可在采样完成后 48 小时内完成，逾期系统将关闭上传通道。③照片尺寸不小于 1 600×1 200，像素不小于 500 万像素；视频大小为 720 p，分辨率为 1 280×720 p。

4.2.3 质量控制体系

采测分离监测质量控制规范性文件包括《地表水环境质量监测技术规范》（HJ 91.2—2022）、《环境水质监测质量保证手册（第二版）》和《国家地表水环境质量监测网监测任务作业指导书（试行）》等。内部质量控制上，以监测项目为单位，按照不低于

10%的比例，对每个采样点随机分配全程序空白和外部平行样品，为保证监测数据的准确、客观、公正，所有水质分析样品均以盲样的形式由采样单位采集后送至分析测试单位进行检测。每个断面每月的分析测试单位由采测分离管理系统结合送样距离、送样时间和分析测试单位的能力智能生成。外部质量控制上，开展"双随机"飞行检查、现场比对和体系核查等多形式监督检查，建立多部门联动监督管理机制。实现"以内部质量控制为主，外部质量监督为辅"的有效质量监管，真正做到"过程监控、全程溯源"。

采样分离监测质量控制体系示意如图4-5所示。

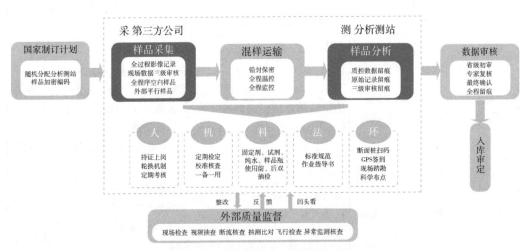

图4-5　采测分离监测质量控制体系示意

4.2.3.1　内部质量控制

（1）人员考核

现场监测人员应持证上岗，采取积分考核制度。纳入计分考核的结果包括现场监督检查和视频监督检查。凡发生原则性问题的，经确认后，立即纳入黑名单，不得继续参与采样任务；扣满12分者，立即停止后续采样任务。经参加总站组织培训并合格后，方可继续承担相关监测任务。

（2）全程序空白样品

每月采集的所有地表水样品，每组每次至少采集一个全程序空白样品，每年每个项目必须覆盖一次以上，现场监测项目除外。

（3）现场平行样品

①采集现场平行样时，应等体积轮流分装成2份，并分别加入保存剂，注意不要装完一份瓶样品再装另一份样品。

②每月采集的所有地表水样品，现场平行样数量应至少为水样总数的 10%；每年每个项目必须覆盖一次以上，现场监测项目、石油类和粪大肠菌群不采集平行样。

（4）视频影像拍摄

视频影像拍摄要求详见"4.2.2.5　现场监测影像记录技术要求"。

（5）现场监测数据三级审核

一级审核：经授权的一级审核人员对本组采样人员采样与现场监测各环节操作规范性进行审核，对现场异常情况与异常数据进行初判。

二级审核：经授权的二级审核人员对质量控制符合性、监测数据合理性及历史数据可比性进行审核，对现场异常情况及异常数据进行研判与处置。

三级审核：经授权的三级审核人员对采样与现场监测任务完整性、程序与异常情况处置合规性进行审核。

（6）冷藏加密运输

水样采集后必须立即送回实验室。在现场工作开始之前，应安排好水样的运输工作，以防延误。同一采样点的样品应装在同一包装箱内，如需分装在两个或几个箱子中，则需做好相关记录。

运输前，应检查现场采样记录上的所有水样是否全部装箱。每个水样瓶均需按采样要求贴上标签。每个水样瓶必须加以妥善地保存和密封，并装在包装箱内固定，以防在运输途中破损。

除了防震、避光和低温运输外，还要防止新的污染物进入容器和沾污瓶口，使水样变质。样品可放入带制冷功能的便携式冷藏箱（冷藏箱体不透光），调节温度于 0～5℃；若冷藏箱不带制冷功能，应使用冰袋保证冷藏箱的温度，同时应在运输过程中确保冷藏效果。同时冷藏箱运输过程中需铅封，确保中途不被打开。

（7）实验室数据审核

一级审核：经授权的一级审核人员对实验室分析规范性、内部质控符合性进行审核。

二级审核：经授权的二级审核人员在一级审核的基础上，重点对外部质控符合性、相关项目间的逻辑关系合理性进行审核。

三级审核：经授权的三级审核人员对本单位监测任务完整性、程序与异常处置合规性进行审核。

所有经过审核的监测数据和原始记录均于系统中留痕，审核过程全部留痕。

4.2.3.2　外部质控

（1）现场检查

通过现场检查方式，针对是否存在以下问题进行详细检查并记录。

原则性问题：通过稀释、勾兑、替换等方式，人为改变水样代表性；擅自给地方相关部门或人员采集样品或分装水样；透露采样时间、监测频次、送测关系、监测数据等断面信息给地方相关部门和人员；篡改监测数据，编造数据，操作不规范导致数据严重失真失实；人为干扰检查。

采样规范性问题：包括采样设备是否完好，是否适用当前水体；采样操作是否符合地表水采样技术规范；现场监测是否符合现场监测技术规范，监测结果比对是否合格；采样记录是否填写规范；样品运输环境是否符合技术要求；现场影像资料记录是否齐全等。

其他问题：涉及现场安全、采样保密措施、人员持证上岗、现场卫生维护等情况。

（2）监测单位体系检查

针对监测单位从承担采样及现场监测的技术人员培训上岗、采样物资耗材准备、相关记录、实验室设施及环境、标准物质、结果有效性程序、结果报告出具等多方面开展检查。

（3）检测单位体系检查

针对检测单位从人员、仪器设备、试剂与标准物质、检测方法、样品前处理与分析测试过程、样品质控措施、数据处理与记录等多方面开展检查。

4.2.4　数据审核体系

采测分离手工监测数据审核依据《地表水水质采测分离监测数据审核办法（试行）》，其中规定了地表水水质采测分离监测数据审核的基本流程及现场监测、实验室分析、综合数据审核等各阶段数据审核的技术要求，确定了包括现场采样、实验室分析和综合审核在内的各环节三级审核制度，从监测规范性、质控符合性、数据合理性与可比性、样品代表性等全方位、多方面地对监测数据的真实、准确进行把关。

4.2.4.1　数据审核流程

现场及实验室三级审核：监测单位及检测单位分别负责开展现场监测数据及实验室分析数据三级审核工作。

各省（自治区、直辖市）初审：各省（自治区、直辖市）数据审核人员审核本省（自治区、直辖市）考核断面监测数据，将初审数据反馈至省级生态环境主管部门，并在规定时间内按要求完成存疑数据申报。

专家复核：审核专家组对存疑数据进行集中复核，并出具复核意见。

最终确认：中国环境监测总站对初审结果及专家复核结果进行最终确认。

4.2.4.2　现场数据及实验室数据三级审核

现场监测数据与实验室分析数据的三级审核方法详见"4.2.3.1　内部质控"中的（5）和（7）。

4.2.4.3　现场异常数据处置

现场异常数据处置参照"4.2.2.4　现场监测异常数据处置技术要求"进行。

4.2.4.4　综合审核

（1）各省（自治区、直辖市）初审

各省（自治区、直辖市）数据审核人员应针对监测规范性、质控符合性、数据合理性与可比性、样品代表性开展审核，并将初审数据反馈至省级生态环境主管部门。各省（自治区、直辖市）数据审核人员填写存疑数据表，由省级生态环境主管部门组织核实并提供申报材料。

（2）专家复核

专家对存疑数据复核时，应综合考虑各省提交的存疑数据申报材料、现场监测与实验室分析的各类原始记录和影像资料、断面现场水体及周边环境状况和气象条件、项目浓度在断面的空间分布、近三年历史数据及变化趋势、河流上下游或湖库各区域浓度水平、水质自动站相关时段监测数据及变化趋势和质控单位监测结果。对存在操作不规范、分析方法选择有误、断面质控样存在明显问题且对监测结果有显著影响、同一断面项目逻辑或时空关系不合理、同一批次样品均存在问题的断面应认定数据无效，其他情况根据实际情况综合研判。

（3）最终确认

对专家复核形成的数据有效性认定结果进行终审，统一审核原则与尺度；对入库整合和修约后的所有采测分离断面监测结果进行最终确认，重点针对监测项目填报的规范性和监测数据合理性；确认无误后，对当月监测数据进行入库管理。

4.3　自动监测与手工监测融合机制

自动监测与手工监测融合的核心内容为监测技术与监测数据两方面的融合，以总磷预处理方式自动监测与手工监测相匹配和同一断面自动监测与手工监测数据融合成同一代表值等关键技术为突破口，实现自动监测与手工监测动态可比和自动监测与手工监测数据科学融合。

4.3.1 监测技术融合

长江流域水系发达，不同特征的水体适用何种预处理方式是自动监测和手工监测技术融合的关键，尤其是总磷指标。中国环境监测总站研究制定的《地表水总磷现场前处理技术规定（试行）》，考虑了一般水体、感潮河段和藻类聚集等情况下浊度对总磷监测的影响，确定了自然沉降、离心和过滤筛（网）等不同的预处理方法，细化了地表水总磷手工监测技术要求；同时，针对因不同时间、地点水体浊度、盐度及色度不同导致水站预处理方法难以统一的技术难点，设计自动站"一站一策"预处理技术，在质控手段合理、有效的前提下，针对各站点监测水体的不同水质特性，选择合理的预处理、抗浊度措施，并不断进行改进和优化，实现自动监测和手工监测方法的动态可比。监测技术融合流程示意如图4-6所示；不同水体总磷现场监测预处理方法如表4-9所示。

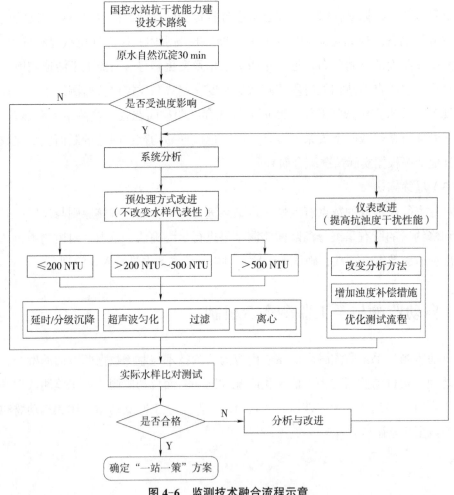

图 4-6　监测技术融合流程示意

表 4-9　不同水体总磷现场监测预处理方法

水体类型	原水浊度（NTU）	处理方式	具体技术要求
一般水体	≤200	自然沉降	沉降 30 min，取上清液
	200～500	自然沉降	沉降 60 min，取上清液
	>500	离心	2 000 r/min，2 min，取上清液
感潮河段	≤200	自然沉降	沉降 30 min，取上清液
	>200	离心	2 000 r/min，1 min，取上清液

4.3.2　监测数据融合

同一监测断面自动监测和手工监测数据的融合是水环境质量评价考核的基础，生态环境部研究制定的《地表水环境质量监测数据统计技术规定（试行）》，填补了自动监测数据参与地表水质评价的空白，对地表水环境质量自动监测和手工监测数据融合统计方式进行了规定，pH、溶解氧、高锰酸盐指数、氨氮和总磷 5 项指标优先采用自动监测数据，五日生化需氧量、化学需氧量、石油类、挥发酚、汞、铜、锌、铅、镉、铬（六价）、砷、硒、氟化物、氰化物、硫化物和阴离子表面活性剂 16 项指标采用采测分离手工监测数据，确定了数据统计、整合、补遗和修约等方面的技术规则，从时间尺度和空间尺度分别对数据整合的规则统一规定，保证了监测数据融合评价结果的科学性、统一性和可比性。

4.3.2.1　数据统计

（1）日代表值

各单项指标（pH 除外）的日代表值为当日实际获得的全部自动数据的算术平均值。pH 的日代表值采用当日实际获得的全部 pH 对应氢离子浓度算术平均值的负对数表示，计算时先采用 pH 自动监测数据计算对应时段的氢离子浓度值，再计算当日全部氢离子浓度算术平均值，最终计算该算术平均值的负对数。

每个自然日所有有效自动监测数据均参与评价，且实际参与计算的自动监测数据量不得低于当日应获得全部数据量的 60%。日代表值仅针对自动监测数据，手工监测数据不参与日代表值统计。

（2）月代表值

根据监测方式不同，月代表值可分为手工监测月代表值和自动监测月代表值。手工监测月代表值为各单项指标的当月手工监测数据。如当月实际获得的日代表值不少于当月应获得全部日代表值的 60%，可进行自动监测月代表值统计，统计时所有有效自动监测数据均参与评价。自动监测月代表值（pH 除外）为各单项指标当月实际获得全部自动监测数据的算术平均值。pH 的自动监测月代表值采用当月全部 pH 自动监测数据对应氢离子浓度算术平均值的负对数表示，计算方法同日代表值。

（3）季代表值

根据监测方式不同，季代表值可分为手工监测季代表值和自动监测季代表值。季代表值为各单项指标（包括 pH）当季全部月份月代表值的算术平均值。

（4）年代表值

根据监测方式不同，年代表值可分为手工监测年代表值和自动监测年代表值。年代表值为各单项指标（包括 pH）当年全部月份月代表值的算术平均值。

4.3.2.2　数据整合

（1）数据整合指标

①地表水水质评价指标

地表水水质评价指标为《地表水环境质量标准》（GB 3838—2002）表 1 中除水温、粪大肠菌群和总氮以外的 21 项指标，包括 pH、溶解氧、高锰酸盐指数、氨氮、总磷、五日生化需氧量、化学需氧量、石油类、挥发酚、汞、铜、锌、铅、镉、铬（六价）、砷、硒、氟化物、氰化物、硫化物和阴离子表面活性剂。

②营养状态评价指标

营养状态评价指标包括叶绿素 a、总磷、总氮、透明度和高锰酸盐指数 5 项指标。

（2）断面（点位）数据整合

同一断面（点位）不同采样点的监测指标数据整合成该断面（点位）的监测指标数据，应遵循以下规则：

①pH 采用断面所有采样点氢离子浓度算术平均值的负对数；

②溶解氧和石油类采用表层采样点的算术平均值；

③透明度采用湖库所有采样垂线实测值的算术平均值；

④其余项目采用断面所有采样点算术平均值；

⑤入海河流断面采用退平潮采样点数据参与断面数据整合。

（3）月代表值数据整合

将同一断面（点位）单项指标的手工监测和自动监测月代表值整合为一组断面（点位）数据参与水质评价。

①地表水水质评价

pH、溶解氧、高锰酸盐指数、氨氮和总磷 5 项指标优先采用自动监测月代表值，当月无自动监测月代表值时，采用手工监测月代表值；其他 16 项指标采用手工监测月代表值。

②营养状态评价

总磷、总氮和高锰酸盐指数 3 项指标优先采用自动监测月代表值，当月无自动监测月代表值时采用手工监测月代表值；透明度和叶绿素 a 优先采用手工监测月代表值，其中叶绿素 a 当月无手工监测月代表值时采用自动监测月代表值。

当单项指标月代表值缺失时，采用替代月代表值参与数据整合。单项指标月代表值的选择次序具体要求见表 4-10。

表 4-10　指标整合优先规则

序号	监测指标	第一优先级	第二优先级	第三优先级
1	pH、溶解氧、高锰酸盐指数、氨氮、总磷、总氮	自动监测月代表值	手工监测月代表值	替代月代表值
2	五日生化需氧量、化学需氧量、石油类、挥发酚、汞、铜、锌、铅、镉、铬（六价）、砷、硒、氟化物、氰化物、硫化物、阴离子表面活性剂、透明度	手工监测月代表值	替代月代表值	—
3	叶绿素 a	手工监测月代表值	自动监测月代表值	—

（4）数据补遗

当单项指标由于当月未开展监测，导致月代表值缺失时，采用该指标上一个临近月份的月代表值进行替代，参与该断面（点位）当月代表值的数据整合，用于当月水质评价。由于污染事故造成严重超标的指标不作为替代月代表值。

由于地方基础保障工作不到位，造成自动监测指标数据量不满足统计要求的，采用该指标当前时段向前一年最差的实时数据替代统计时段代表值。

断面出现监测数据弄虚作假等行为，采用该断面当前时段向前一年最差的月代表值替代统计时段代表值。

4.3.2.3　数据修约

所有监测指标的手工监测和自动监测数据均按照《数值修约规则与极限数值的表示和判定》（GB/T 8170—2008）要求进行修约。

采用修约后的数据进行水质评价，保留的有效小数位数对照表 4-11 进行统一。在此基础上，监测数据一般保留不超过 3 位有效数字；当修约后结果为 0 时，保留至小数点后 1 位有效数字。当监测数据低于检出限时，以 1/2 检出限值参与计算和统计。

表 4-11　评价数据修约要求

评价项目	数据修约要求
pH	保留整数
溶解氧 /（mg/L）	保留至小数点后 1 位
高锰酸盐指数 /（mg/L）	保留至小数点后 1 位
化学需氧量 /（mg/L）	保留至小数点后 1 位
五日生化需氧量 /（mg/L）	保留至小数点后 1 位
氨氮 /（mg/L）	保留至小数点后 2 位
总氮 /（mg/L）	保留至小数点后 2 位
总磷 /（mg/L）	保留至小数点后 3 位
铜 /（mg/L）	保留至小数点后 3 位
锌 /（mg/L）	保留至小数点后 3 位
铅 /（mg/L）	保留至小数点后 3 位
镉 /（mg/L）	保留至小数点后 5 位
硒 /（mg/L）	保留至小数点后 4 位
砷 /（mg/L）	保留至小数点后 4 位
汞 /（mg/L）	保留至小数点后 5 位
铬（六价）/（mg/L）	保留至小数点后 3 位
氟化物 /（mg/L）	保留至小数点后 3 位
氰化物 /（mg/L）	保留至小数点后 3 位
硫化物 /（mg/L）	保留至小数点后 3 位
挥发酚 /（mg/L）	保留至小数点后 4 位
石油类 /（mg/L）	保留至小数点后 2 位
阴离子表面活性剂 /（mg/L）	保留至小数点后 2 位
透明度 /m	保留至小数点后 2 位
叶绿素 a/（mg/m^3）	保留整数

第 5 章

长江水环境质量
评价考核体系

长江水环境质量监测数据主要用于水环境质量的考核评价，为实现以水环境质量为核心的长江水污染防治目标，建立了相应的考核评价体系，主要包括评价方法、预警方法、考核方法和排名方法，并对评价指标、统计方法、结果表征、预警方法、考核赋分、排名计算等方面作出了技术规定，为长江水污染防治提供重要支撑。

5.1 水环境质量评价方法

在《地表水环境质量评价办法（试行）》的基础上进一步修改完善后形成了长江水环境质量评价方法，明确了长江水环境质量评价的指标、方法及数据统计等要求。

5.1.1 术语和定义

5.1.1.1 干流
干流是指在一个水系中，直接注入海洋或内陆湖泊的河流。

5.1.1.2 支流
直接注入干流的支流叫作干流的一级支流，直接注入一级支流的则称为干流的二级支流，依次类推。支流的级别是相对的，而非绝对的。

5.1.1.3 水系
河流的干流及全部支流构成脉络相通的系统，称为水系，又称河系或河网。

5.1.1.4 流域
江河湖库及其汇水来源各支流、干流和集水区域总称。

5.1.1.5 劣Ⅴ类
对《地表水环境质量标准》（GB 3838—2002）基本项目的浓度值不能满足Ⅴ类标准的称为劣Ⅴ类。

5.1.1.6 综合营养状态指数
一种利用叶绿素 a（Chl a）、总磷（TP）、总氮（TN）、透明度和高锰酸盐指数（I_{Mn}）等指标，通过归一化计算，对湖泊（水库）营养状态进行分级表征的综合指数。

5.1.2 评价指标

5.1.2.1 水质评价指标
地表水水质评价指标为《地表水环境质量标准》（GB 3838—2002）中的地表水环境质量基本项目 pH、溶解氧（DO）、高锰酸盐指数（I_{Mn}）、五日生化需氧量（BOD_5）、化学需氧量（COD）、氨氮（NH₃-N）、总磷（TP）、铜（Cu）、锌（Zn）、氟化物（F⁻）、硒（Se）、砷（As）、汞（Hg）、镉（Cd）、铬（六价）（Cr⁶⁺）、铅（Pb）、氰化物（CN⁻）、挥发酚、石油类、阴离子表面活性剂（LAS）和硫化物（S²⁻）21 项指标。粪大肠菌群、湖泊和水库的总氮（TN）可单独评价。

5.1.2.2　营养状态评价指标

湖泊和水库营养状态评价指标为叶绿素 a（Chl a）、总磷（TP）、总氮（TN）、透明度（SD）和高锰酸盐指数（I_{Mn}）共 5 项。

5.1.3　评价方法

5.1.3.1　河流水质评价

（1）断面水质评价

河流断面水质类别评价采用单因子评价法，即根据评价时段内该断面参评的指标中类别最高的一项来确定，该项指标即为断面定类指标。标准限值相同的按最优水质评价。低于检出限的项目采用 1/2 检出限值进行评价。断面水质类别与水质定性评价分级的对应关系见表 5-1。

表 5-1　断面水质定性评价分级

水质类别	水质状况	表征颜色	水质功能类别
Ⅰ～Ⅱ类水质	优	蓝色	饮用水水源地一级保护区、珍稀水生生物栖息地、鱼虾类产卵场、仔稚幼鱼的索饵场等
Ⅲ类水质	良好	绿色	饮用水水源地二级保护区、鱼虾类越冬场、洄游通道、水产养殖区、游泳区等
Ⅳ类水质	轻度污染	黄色	一般工业用水和人体非直接接触的娱乐用水
Ⅴ类水质	中度污染	橙色	农业用水及一般景观用水
劣Ⅴ类水质	重度污染	红色	除调节局部气候外，使用功能较差

有多个采样点的断面数据整合方式按照"表 5-2　断面监测指标数据整合规则"进行。

同一断面（点位）不同采样点的监测指标数据整合成该断面（点位）的监测指标数据，应遵循以下规则：

①pH 取断面所有采样点氢离子浓度算术平均值的负对数；

②溶解氧和石油类取表层采样点的算术平均值；

③透明度取湖库点位采样垂线实测值；

④其余项目取断面所有采样点算术平均值；

⑤对于入海河流断面，采用退平潮采样点数据参与断面数据整合。

表 5-2　断面监测指标数据整合规则

监测项目	整合规则
pH	所有采样点氢离子浓度算术平均值的负对数
溶解氧	表层采样点的算术平均值
高锰酸盐指数	所有采样点算术平均值
化学需氧量	所有采样点算术平均值
五日生化需氧量	所有采样点算术平均值
氨氮	所有采样点算术平均值
总氮	所有采样点算术平均值
总磷	所有采样点算术平均值
铜	所有采样点算术平均值
锌	所有采样点算术平均值
铅	所有采样点算术平均值
镉	所有采样点算术平均值
硒	所有采样点算术平均值
砷	所有采样点算术平均值
汞	所有采样点算术平均值
铬（六价）	所有采样点算术平均值
氟化物	所有采样点算术平均值
氰化物	所有采样点算术平均值
硫化物	所有采样点算术平均值
挥发酚	所有采样点算术平均值
石油类	表层采样点的算术平均值
阴离子表面活性剂	所有采样点算术平均值
透明度	采样垂线实测值
叶绿素 a	所有采样点算术平均值

（2）河流、水系、流域水质评价

当河流、水系、流域的断面总数少于 5 个时，计算河流、水系、流域所有断面各评价指标浓度算术平均值；对于有多次监测结果的，先按时间序列计算各个断面各个评价指标浓度的算术平均值，再按空间序列计算所有断面各个评价指标浓度的算术平均值。如果所有断面水质类别均相同，算术平均值评价结果优于各断面水质类别，则以原断面水质类别判定的水质状况作为该河流、水系、流域的水质状况。

当河流、水系、流域的断面总数不少于 5 个时，采用断面水质类别比例法，即根据评价河流、水系、流域中各水质类别的断面数占河流、水系、流域所有评价断面总数的百分比来评价其水质状况。河流、水系、流域水质类别比例与水质定性评价的对应关系见表 5-3。

水系或流域水质状况评价应包括干流、支流和整个水系或流域的水质状况评价。

表 5-3　河流、水系、流域水质定性评价分级

水质类别比例	水质状况	表征颜色
Ⅰ～Ⅱ类水质比例＞0 且Ⅰ～Ⅲ类水质比例≥90%	优	蓝色
Ⅰ～Ⅲ类水质比例≥75%	良好	绿色
Ⅰ～Ⅳ类水质比例＞0 且劣Ⅴ类水质比例＜20%	轻度污染	黄色
劣Ⅴ类水质比例＜40%	中度污染	橙色
劣Ⅴ类水质比例≥40%	重度污染	红色

注：1. 水质状况表征颜色的具体要求见表 5-9。

2. 若水质类别比例满足多个水质定性评价分级条件，则以水质状况最优的作为定性评价结果。

（3）主要污染指标确定

①断面主要污染指标确定方法

断面水质为"优"或"良好"时，不评价主要污染指标。断面水质超过Ⅲ类标准时评价方法如下：

不同指标对应的水质类别不同时，选择水质类别较差的前 3 项指标作为主要污染指标。

不同指标对应的水质类别相同时，计算浓度超过Ⅲ类标准限值的倍数，按照超标倍数大小排列，取超标倍数最大的前 3 项为主要污染指标；若超标倍数相同导致主要污染指标超过 3 项，列出全部污染指标。

超标指标多于 3 项时，溶解氧不作为主要污染指标列出。

氰化物或汞、铅、镉、铬（六价）等重金属超标时，作为主要污染指标全部列出。

对于因本底值或无法消除的对监测方法的干扰造成的评价指标超标，可做相应标注。

断面主要污染指标后应标注其超标倍数，断面定类指标后应标注其水质类别。pH 和溶解氧不计算超标倍数。超标倍数按公式（5-1）计算：

$$B = \frac{\rho - \rho_{\text{III}}}{\rho_{\text{III}}} \qquad (5\text{-}1)$$

式中：B——某评价指标超标倍数；

ρ——某评价指标的质量浓度，mg/L；

ρ_{III}——该指标Ⅲ类水质标准限值，mg/L。

②河流、水系、流域主要污染指标确定方法

河流、水系、流域水质为"优"或"良好"时，不评价主要污染指标。断面数少于5个的河流、水系、流域，按"断面主要污染指标确定方法"确定主要污染指标。断面数不少于5个的河流、水系、流域主要污染指标确定方法如下：

将水质超过Ⅲ类标准的指标按其断面超标率数值大小排列，选择断面超标率最大的前3项为河流、水系、流域的主要污染指标，主要污染指标按断面超标率从大到小排列。

若河流、水系、流域的断面超标率相同导致超标指标超过3项，列出全部污染指标。

超标指标多于3项时，溶解氧不作为主要污染指标列出。

氰化物或汞、铅、镉、铬（六价）等重金属超标时，作为主要污染指标全部列出。

对于因本底值或无法消除的对监测方法的干扰造成的评价指标超标，可做相应标注。

断面超标率按公式（5-2）计算：

$$P = \frac{N_2}{N_1} \times 100\% \qquad (5\text{-}2)$$

式中：P——某评价指标河流、水系、流域断面超标率，%；

N_1——河流、水系、流域断面（点位）总数，个；

N_2——某评价指标浓度超过Ⅲ类水质标准限值的断面（点位）个数，个。

5.1.3.2　湖泊和水库评价

（1）水质评价

湖泊、水库单个点位的水质评价，按照"5.1.3.1（1）断面水质评价"方法进行。同一点位垂线有多个采样点的数据整合方式按照"5.1.3.1（1）断面水质评价"中断面数据整合规则进行。

当一个湖泊、水库有多个点位时，计算湖泊、水库多个点位各评价指标浓度算术平均值，然后按照"5.1.3.1（1）断面水质评价"方法评价。

湖泊、水库多次监测结果的水质评价，先按时间序列计算湖泊、水库各个点位各个评价指标浓度的算术平均值，再按空间序列计算湖泊、水库所有点位各个评价指标浓度的算术平均值，然后按照"5.1.3.1（1）断面水质评价"方法评价。

对于大型湖泊、水库，可分不同的湖（库）区进行水质评价。水库应根据其水力特性和蓄水规模等因素区分为河流型水库和湖泊型水库。河流型水库按河流评价，湖泊型水库按湖泊评价。

（2）营养状态评价

采用综合营养状态指数进行评价$\left(\sum_{j=1}^{5}T_{LI,j}\right)$。

采用 0～100 的一系列连续数字对湖泊（水库）营养状态进行分级，见表 5-4。

表 5-4　湖泊和水库营养状态评价分级

综合营养状态指数	营养状态	表征颜色
$\sum_{j=1}^{5}T_{LI,j}<30$	贫营养	蓝色
$30\leqslant\sum_{j=1}^{5}T_{LI,j}\leqslant50$	中营养	绿色
$50<\sum_{j=1}^{5}T_{LI,j}\leqslant60$	轻度富营养	黄色
$60<\sum_{j=1}^{5}T_{LI,j}\leqslant70$	中度富营养	橙色
$\sum_{j=1}^{5}T_{LI,j}>70$	重度富营养	红色

综合营养状态指数按公式（5-3）计算：

$$\sum_{j=1}^{5}T_{LI,j}=\sum_{j=1}^{5}W_j\times T_{LI,j} \tag{5-3}$$

式中：$\sum_{j=1}^{5}T_{LI,j}$——综合营养状态指数；

j——第 j 种指标，$j=1$，2，3，4，5；

W_j——第 j 种指标的营养状态指数的相关权重；

$T_{LI,j}$——第 j 种指标的营养状态指数。

以叶绿素 a 为基准指标，则第 j 种指标的归一化的相关权重按公式（5-4）计算：

$$W_j = \frac{r_j^{\,2}}{\sum\limits_{j=1}^{5} r_j^{\,2}} \tag{5-4}$$

式中：W_j——第 j 种指标的营养状态指数的相关权重；

　　　r_j——第 j 种指标与基准指标叶绿素 a 的相关系数；

　　　j——第 j 种指标，j=1，2，3，4，5。

中国湖泊（水库）的叶绿素 a 与其他指标之间的相关权重 W_j、相关系数 r_j 和 r_j^2 见表 5-5。

表 5-5　中国湖泊（水库）部分指标与叶绿素 a 的相关关系

参数	Chl a	TP	TN	SD	I_{Mn}
j	1	2	3	4	5
r_j	1	0.84	0.82	−0.83	0.83
r_j^2	1	0.705 6	0.672 4	0.688 9	0.688 9
W_j	0.266 3	0.187 9	0.179 0	0.183 4	0.183 4

各项目营养状态指数用公式（5-5）～公式（5-9）计算：

$$T_{LI,\,Chl\,a}=10 \times (2.5+1.086 \times \ln \rho_{Chl\,a}) \tag{5-5}$$

$$T_{LI,\,TP}=10 \times (9.436+1.624 \times \ln \rho_{TP}) \tag{5-6}$$

$$T_{LI,\,TN}=10 \times (5.453+1.694 \times \ln \rho_{TN}) \tag{5-7}$$

$$T_{LI,\,SD}=10 \times (5.118-1.94 \times \ln d_{SD}) \tag{5-8}$$

$$T_{LI,\,I_{Mn}}=10 \times (0.109+2.661 \times \ln \rho_{I_{Mn}}) \tag{5-9}$$

式中：$T_{LI,\,Chl\,a}$——叶绿素 a 的营养状态指数；

　　　$\rho_{Chl\,a}$——水中叶绿素 a 的浓度，mg/m^3；

　　　$T_{LI,\,TP}$——总磷的营养状态指数；

　　　ρ_{TP}——水中总磷的浓度，mg/L；

　　　$T_{LI,\,TN}$——总氮的营养状态指数；

　　　ρ_{TN}——水中总氮的浓度，mg/L；

　　　$T_{LI,\,SD}$——透明度的营养状态指数；

　　　d_{SD}——水体的透明度，m；

　　　$T_{LI,\,I_{Mn}}$——高锰酸盐指数的营养状态指数；

　　　$\rho_{I_{Mn}}$——水的高锰酸盐指数，mg/L。

（3）全国及区域水质评价

全国地表水环境质量评价以国家地表水环境监测网断面（点位）为评价对象，包括河流监测断面和湖（库）监测点位。

行政区域内地表水环境质量评价以行政区域内的监测断面（点位）为评价对象，包括河流监测断面和湖（库）监测点位。

全国及行政区域整体水质状况评价方法采用断面水质类别比例法，水质定性评价分级的对应关系见表 5-3。

全国及行政区域内主要污染指标的确定方法按照"5.1.3.1……（3）主要污染指标确定"方法进行。

5.1.3.3　水质变化趋势评价

（1）基本要求

河流（湖库）、水系、流域、全国及行政区域内水质状况与前一时段、前一年度同期比对或进行多时段变化趋势分析时，必须满足下列 3 个条件，以保证数据的可比性：

①选择的监测指标必须相同；

②选择的断面（点位）基本相同；

③定性评价必须以定量评价为依据。

（2）不同时段定量评价

①单因子浓度比较

评价某一断面（点位）在不同时段的水质变化时，可直接比较评价指标的浓度值，并以图表表征；评价某一河流、水系、流域、全国及行政区域内不同时段的水质变化时，可计算其所含断面浓度的算术均值进行比较，并以图表表征。

②水质类别比例比较

评价某一断面（点位）在不同时段的水质变化时，可直接比较断面（点位）的水质类别；评价某一河流、水系、流域、全国及行政区域内不同时段的水质变化时，可比较其各类水质类别比例，并以图表表征。

（3）不同时段水质变化趋势评价

①按水质状况等级变化评价

按水质状况等级变化评价可分为以下 3 种情况：

a. 当水质状况等级不变时，评价为无明显变化；

b. 当水质状况等级发生一级变化时，评价为有所变化（好转或下降）；

c. 当水质状况等级发生两级以上（含两级）变化时，评价为明显变化（好转或下降）。

②按组合类别比例法评价

水质类别百分比之差按公式（5-10）、公式（5-11）计算：

$$\Delta G = G_1 - G_2 \qquad （5-10）$$

式中：ΔG——后时段与前时段Ⅰ～Ⅲ类水质百分比之差，%；

G_1——后时段Ⅰ～Ⅲ类水质的断面占全部断面比例，%；

G_2——前时段Ⅰ～Ⅲ类水质的断面占全部断面比例，%。

$$\Delta D = D_1 - D_2 \qquad （5-11）$$

式中：ΔD——后时段与前时段劣Ⅴ类水质百分比之差，%；

D_1——后时段劣Ⅴ类水质的断面占全部断面比例，%；

D_2——前时段劣Ⅴ类水质的断面占全部断面比例，%。

按组合类别比例法评价主要分为以下几种情况：

当 $\Delta G-\Delta D>0$ 时，水质变好；

当 $\Delta G-\Delta D<0$ 时，水质变差；

当 $|\Delta G-\Delta D|\leqslant10\%$ 时，评价为无明显变化；

当 $10\%<|\Delta G-\Delta D|\leqslant20\%$ 时，评价为有所变化（好转或下降）；

当 $|\Delta G-\Delta D|>20\%$ 时，评价为明显变化（好转或下降）。

当按水质状况等级变化评价或按组合类别比例法评价两种方法的评价结果一致时，可采用任何一种方法进行评价；若评价结果不一致，则以变化大的作为变化趋势评价的结果。

（4）多时段变化趋势评价

分析断面（点位）、河流、水系、流域、全国及行政区域内多时段的水质变化趋势及变化程度，应对评价指标值（如指标浓度、水质类别比例等）与时间序列进行相关性分析，可采用斯皮尔曼（Spearman）秩相关系数法，检验相关系数和斜率的显著性意义，确定其是否有变化和变化程度。变化趋势可用折线图来表征。

污染变化趋势的定量分析方法——Spearman 秩相关系数法计算及判定方法如下。

衡量环境污染变化趋势在统计上有无显著性，最常用的是 Daniel 的趋势检验，它使用了 Spearman 的秩相关系数。使用这一方法，要求具备足够的数据，一般至少应采用 4 个期间的数据，即 5 个时间序列的数据。给出时间周期 $Y_1\cdots\cdots Y_N$，以及 Y_1 到 Y_N 对应的年均值（$C_1\cdots\cdots C_N$）按浓度值从小到大排列的序号 $X_1\cdots\cdots X_N$，统计检验用的秩相关系数按公式（5-12）、公式（5-13）计算：

$$r_\mathrm{s} = 1 - \left[6\sum_{i=1}^{n} d_i^2 \right] / [N^3 - N] \tag{5-12}$$

$$d_i = X_i - Y_i \tag{5-13}$$

式中：r_s——秩相关系数；

　　i——不同时间段，$i=1$，2，…，n；

　　d_i——变量 X_i 与 Y_i 的差值；

　　N——时间周期的周期数值；

　　X_i——周期 1 到周期 N 按浓度值从小到大排列的序号；

　　Y_i——按时间排列的序号。

将秩相关系数 r_s 的绝对值同 Spearman 秩相关系数统计表中的临界值（W_p）进行比较。当 $r_\mathrm{s} > W_\mathrm{p}$ 时，表明变化趋势有显著意义：如果 r_s 是负值（溶解氧相反），则表明在评价时段内有关统计量指标变化呈下降趋势；如果 r_s 为正值（溶解氧相反），则表明在评价时段内有关统计量指标变化呈上升趋势。当 $r_\mathrm{s} \leq W_\mathrm{p}$ 时，表明变化趋势没有显著意义，说明在评价时段内水质变化稳定或平稳。秩相关系数 r_s 的临界值（W_p）见表 5-6。

表 5-6　秩相关系数 r_s 的临界值

N	W_p	
	显著水平（单侧检验）0.05	显著水平（单侧检验）0.01
5	0.900	1.000
6	0.829	0.943
7	0.714	0.893
8	0.643	0.833
9	0.600	0.783
10	0.564	0.746
12	0.506	0.712
14	0.456	0.645
16	0.425	0.601
18	0.399	0.564
20	0.377	0.534
22	0.359	0.508
24	0.343	0.485

N	W_p	
	显著水平（单侧检验）0.05	显著水平（单侧检验）0.01
26	0.329	0.465
28	0.317	0.448
30	0.306	0.432

5.1.3.4　营养状态变化趋势评价

按湖泊和水库营养状态评价等级变化，变化趋势评价可分为以下 3 种情况：

①当湖泊和水库营养状态评价等级不变时，评价为无明显变化；

②当湖泊和水库营养状态评价等级发生一级变化时，评价为有所变化（好转或下降）；

③当湖泊和水库营养状态评价等级发生两级及两级以上变化时，评价为明显变化（好转或下降）。

5.1.4　数据统计要求

5.1.4.1　数据有效性及完整性

地表水水质 21 项评价指标均应按照相关数据统计和数据审核要求进行审核，采用已完成审核的有效监测数据进行评价。所有有效的监测数据均需纳入评价。

水质评价时段应分为月度、季度和年度，也可根据水文规范的有关规定按照水期进行评价。对于少数因冰封期等原因无法监测的断面（点位），一般应保证每季度至少有 1 个月的监测数据参与评价，每年至少有 4 个月的监测数据参与评价。任意时段评价时采用该时段监测数据的算术平均值进行评价。

5.1.4.2　数据修约

（1）评价指标数据修约

评价指标参与评价前需对统计数据进行最终修约，当修约后结果为 0 时，应保留至小数点后 1 位有效数字。评价指标超标倍数和断面超标率均保留至小数点后 1 位有效数字。进舍规则执行《数值修约规则与极限数值的表示和判定》（GB/T 8170—2008），指标具体修约要求见表 4-11。

（2）水质类别比例修约

水质类别比例保留 1 位小数，进舍规则执行《数值修约规则与极限数值的表示和判定》（GB/T 8170—2008）。各水质类别比例之和不进行归一处理。若统计范围内水质类别全部相同，水质类别比例计为 100%；若统计范围内不存在某一水质类别，水质类别比例计为 0。

（3）综合营养状态指数修约

综合营养状态指数保留 1 位小数，进舍规则执行《数值修约规则与极限数值的表示和判定》（GB/T 8170—2008）。

5.1.5　水质状况展示图表征要求

水质状况展示图表征要求详见表 5-7～表 5-10，湖库水质渲染方式和克里金（Kriging）插值参数详见表 5-11～表 5-12，表征颜色值转换示例详见表 5-13。

表 5-7　专题图表征要求

图上要素	样式规定	示例
DPI	不低于 300 DPI	—
图名	字体样式：宋体加粗 字体颜色：000000 参考位置：根据图片内容可放在左上角、中间偏上、右上角	长江流域考核断面分布图
图例	图例样式 图例名称字体：宋体加粗 图例名称颜色：000000 图例内容字体：宋体 图例内容颜色：000000 参考位置：根据图片内容可放在左下角、右下角	图例 河流 湖库 省份
指北针	样式：箭头右侧被填充颜色的指北针 参考位置：左上角或者右上角	北
比例尺	样式：从 0 开始、小节数为 2 字体：幼圆 字体颜色：000000 参考位置：左下角或者右下角	0　　　90　　　180 km
流域边界样式	内部颜色：F0B0CF 外部颜色：FFE8F3	
省份名称	字体样式：宋体 字体颜色：000000	山东省

续表

图上要素	样式规定	示例
省份边界样式	一个短横线，两个点循环 颜色：010101	—··—··—
城市名称	字体样式：宋体加粗 字体颜色：000000	济宁市
城市点样式	两个空心圆叠加 颜色：000000	◎
市边界样式	两个短横线，一个点循环 颜色：D7D7D7	—·—
县名称	字体样式：宋体 字体颜色：000000	嘉祥县
县点样式	中心点加空心圆 颜色：000000	⊙
县边界	一个短横线，一个点循环 颜色：CCCCCC	—·—·—
断面名称	字体样式：微软雅黑 字体颜色：F17C67	**断面名称**
断面分布点样式	圆形	●
断面水质点样式	圆形，左侧半圆为目标水质，右侧半圆为实际水质	◖◗
河流－主干样式	颜色：4F81BD	
河流－支流样式	颜色：00B7EF	
湖库－样式	颜色：64E6FF	
河流名称	一级河流字体样式：宋体、加粗、斜体 其他河流字体样式：宋体、斜体 字体颜色：12A3CF	*一级河流* *二级河流* *三级河流*
湖库名称	字体样式：宋体、斜体 字体颜色：12A3CF	*湖库*

表 5-8 水质状况和营养状态表征颜色要求

水质类别	水质状况	营养状态	色值	RGB	示例
空	空	空	ABABAB	171, 171, 171	
I 类	—	—	CCFFFF	204, 255, 255	

水质类别	水质状况	营养状态	色值	RGB	示例
Ⅱ类	优	贫营养	00CCFF	0，204，255	
Ⅲ类	良好	中营养	00FF00	0，255，0	
Ⅳ类	轻度污染	轻度富营养	FFFF00	255，255，0	
Ⅴ类	中度污染	中度富营养	FF9B00	255，155，0	
劣Ⅴ类	重度污染	重度富营养	FF0000	255，0，0	
Ⅰ～Ⅲ类	—	—	00FF9B	0，255，155	

河段中只有一个断面或者河段包含上游、下游两个断面且两断面水质类别相同时，使用断面水质类别对应的颜色进行整体渲染。

表 5-9　单断面或两断面水质类别一致时河段水质渲染方式表征颜色要求

河段水质	示例
Ⅰ类	CCFFFF
Ⅱ类	00CCFF
Ⅲ类	00FF00
Ⅳ类	FFFF00
Ⅴ类	FF9B00
劣Ⅴ类	FF0000
未监测	ABABAB

河段包含上游、下游两个断面并且两断面对应水质类别不同时，河段根据两断面不同水质类别对应的颜色进行 Kriging 插值渲染。

表 5-10 上游、下游断面水质类别不同时河段水质渲染方式表征颜色要求

河段上游断面水质	河段下游断面水质	示例
Ⅰ类	Ⅱ类	
Ⅰ类	Ⅲ类	
Ⅰ类	Ⅳ类	
Ⅰ类	Ⅴ类	
Ⅰ类	劣Ⅴ类	
Ⅱ类	Ⅰ类	
Ⅱ类	Ⅲ类	
Ⅱ类	Ⅳ类	
Ⅱ类	Ⅴ类	
Ⅱ类	劣Ⅴ类	
Ⅲ类	Ⅰ类	
Ⅲ类	Ⅱ类	
Ⅲ类	Ⅳ类	
Ⅲ类	Ⅴ类	
Ⅲ类	劣Ⅴ类	
Ⅳ类	Ⅰ类	

河段上游断面水质	河段下游断面水质	示例
Ⅳ类	Ⅱ类	
Ⅳ类	Ⅲ类	
Ⅳ类	Ⅴ类	
Ⅳ类	劣Ⅴ类	
Ⅴ类	Ⅰ类	
Ⅴ类	Ⅱ类	
Ⅴ类	Ⅲ类	
Ⅴ类	Ⅳ类	
Ⅴ类	劣Ⅴ类	
劣Ⅴ类	Ⅰ类	
劣Ⅴ类	Ⅱ类	
劣Ⅴ类	Ⅲ类	
劣Ⅴ类	Ⅳ类	
劣Ⅴ类	Ⅴ类	

注：插值类型为 Kriging 插值。

同一湖泊、水库中有多个点位的，先使用点位水质类别对应的颜色进行 Kriging 插值渲染，再根据水质类别对应的颜色配置栅格分级颜色表。

表 5-11　湖库水质渲染方式表征颜色要求

湖库水质	示例
Ⅰ类	CCFFFF
Ⅱ类	00CCFF
Ⅲ类	00FF00
Ⅳ类	FFFF00
Ⅴ类	FF9B00
劣Ⅴ类	FF0000
未监测	ABABAB

表 5-12　Kriging 插值参数

参数名称	设置值
查找方式	变长查找
最大半径	0
查看点数	12
半变异参数	球函数
基台值	0
旋转角度	0
自相关阈值	0
平均值	0
块金效应值	0

表 5-13　表征颜色值转换

序号	色值	RGB	CMYK	示例
1	000000	0, 0, 0	93, 88, 89, 80	
2	F0B0CF	240, 176, 207	7, 42, 2, 0	
3	FFE8F3	255, 232, 243	0, 15, 0, 0	

续表

序号	色值	RGB	CMYK	示例
4	010 101	1, 1, 1	93, 88, 89, 80	
5	D7D7D7	215, 215, 215	18, 14, 13, 0	
6	CCCCCC	204, 204, 204	24, 18, 17, 0	
7	F17C67	241, 124, 103	5, 64, 53, 0	
8	4F81BD	79, 129, 189	73, 46, 10, 0	
9	00B7EF	0, 183, 239	71, 11, 4, 0	
10	64E6FF	100, 230, 255	52, 0, 10, 0	
11	12A3CF	18, 163, 207	75, 22, 16, 0	
12	ABABAB	171, 171, 171	38, 30, 29, 0	
13	CCFFFF	204, 255, 255	23, 0, 7, 0	
14	00CCFF	0, 204, 255	66, 0, 4, 0	
15	00FF00	0, 255, 0	61, 0, 100, 0	
16	FFFF00	255, 255, 0	10, 0, 83, 0	
17	FF9B00	255, 155, 0	0, 51, 91, 0	
18	FF0000	255, 0, 0	0, 96, 95, 0	
19	00FF9B	0, 255, 155	59, 0, 58, 0	

5.2　长江水环境质量预警方法

以"和谐长江、健康长江、清洁长江、优美长江和安全长江"为目标，以水环境质量只能变好、不能变差为原则，为进一步推进长江流域水环境质量持续改善，生态环境部印发了《长江流域水环境质量监测预警办法（试行）》。

5.2.1　适用范围

长江流域云南省、贵州省、四川省、重庆市、湖北省、湖南省、江西省、安徽省、江苏省、浙江省、上海市 11 个省（直辖市）部分或全部的国土区域。

5.2.2　水质监测预警

长江流域水质监测预警等级划分为两级，分别为一级、二级，一级为最高级别。具体分级方法如下：

（1）同时满足以下情形的，属二级

①断面当月水质类别和累计水质类别均较上年同期下降1个类别及以上，并且下降为Ⅲ类以下的（如水质同比由Ⅲ类下降为Ⅳ类等情形）；

②断面累计水质类别未达到当年水质目标；

③断面不符合更高等级预警条件。

（2）同时满足以下情形的，属一级

①断面当月水质类别和累计水质类别均较上年同期下降2个类别及以上，并且下降为Ⅲ类以下的（如水质同比由Ⅲ类下降为Ⅴ类等情形）；

②断面累计水质类别未达到当年水质目标。

当地级及地级以上城市同时出现符合一级、二级预警条件认定标准的断面时，按照最高等级确定地级及地级以上城市的预警级别。

断面水环境质量评价结果应说清水环境质量状况，超标断面应说清超标项目和超标倍数。断面年度水质目标、责任城市按照各省（市）水污染防治目标责任书确定。断面累计水质类别，以当年1月至当月逐月水环境质量监测结果的算术平均值进行评价确定。

因特别重大或重大的水旱、气象、地震等自然灾害原因导致断面水质达到预警级别的，可将事件影响期内的相关月份监测数据剔除后再进行评价。

5.2.3　预警等级变更

出现预警的地级及地级以上城市经切实采取整改措施，未再次达到一级、二级预警级别或预警级别变化的，则在下季度预警通报中自动解除预警或调整预警级别。

5.3　水环境质量考核方法

为严格落实水污染防治工作责任、强化监督管理、加快改善水环境质量，各部委联合印发了《水污染防治行动计划实施情况考核规定（试行）》。

5.3.1　考核内容

考核内容包括水环境质量目标完成情况和水污染防治重点工作完成情况两个方面。以水环境质量目标完成情况为刚性要求，兼顾水污染防治重点工作完成情况。

水环境质量目标包括地表水水质优良比例和劣Ⅴ类水体控制比例、地级及地级以上城市建成区黑臭水体控制比例、地级及地级以上城市集中式饮用水水源水质达到或优于Ⅲ类比例、地下水质量极差控制比例、近岸海域水质状况五个方面。

水污染防治重点工作包括工业污染防治、城镇污染治理、农业农村污染防治、船舶港口污染控制、水资源节约保护、水生态环境保护、强化科技支撑、各方责任及公众参与八个方面。

本书重点讲述地表水环境质量目标完成情况涉及的考核事项、考核分值和评分细则等内容，其他内容不做详细介绍。

5.3.2　指标解释及评分细则

5.3.2.1　地表水

（1）指标解释

地表水水质优良（达到或优于Ⅲ类）比例和地表水劣Ⅴ类水体比例、断面水质改善或恶化等情况作为计分项。

（2）考核要求

各省（自治区、直辖市）地表水水质优良（达到或优于Ⅲ类）比例、地表水劣Ⅴ类水体比例按照《水污染防治目标责任书》（以下简称《目标责任书》）中的年度目标要求进行考核，断面水质情况按《目标责任书》中每个断面的水质目标和达标年限要求进行考核。

各省（自治区、直辖市）地表水水质类别不能退化。

（3）评价方法

①基本评价方法

按《地表水环境质量评价办法（试行）》进行评价。对于涉及多个考核点位的湖库，对照《目标责任书》中每个断面的水质目标，取多个考核点位年均浓度值的算术平均值进行评价。部分跨省界考核断面（点位）属于河流、湖库左右岸的断面（点位），在不同省级行政区《目标责任书》中同时出现，作为两省级行政区共同考核断面。水质监测与评价方法按照国家有关规定执行。

②无监测数据的评价方法

因特别重大、重大水旱、气象、地震、地质等自然灾害或常年自然季节性河流以及上游其他省级行政区不合理开发利用等原因导致断面断流无监测数据的，以该断面实际有水月份的监测数据计算年均值，全年断流视为达标。以上情况需提供职能部门的相关证明材料（如图片、水文资料、气象数据等）。

因考核断面汇水范围内实施治污清淤等引起考核断面所在水体断流无监测数据的，

省级生态环境主管部门应在工程上游组织确定临时替代监测点位并报生态环境部核准，以该断面实际有水月份和断流月份临时替代监测点位的监测数据计算年均值，按该断面水质目标考核。治污清淤实施前应向省级生态环境主管部门通报工程实施计划，并在考核时提供工程实施的证明文件、图片资料等（包括招标合同、开工证明、清淤位置、淤泥去向、土方量、上游汇水去向、施工时限等）；如不能提供上述资料，断流断面视为不达标。

考核断面所在河流断流不属于上述情形的，断流 8 个月以内无监测数据的，以该断面实际有水月份的监测数据计算年均值，断流 8 个月及以上的视为不达标。

非上述原因导致全年或部分月份（冰封期或监测规定允许情形的除外）无监测数据的，视为不达标。

③客观原因影响水质类别的特殊情形

按照国家特别重大、重大突发公共事件分级标准，遇特别重大、重大水旱、气象、地震、地质等自然灾害时，直接导致考核断面超标的，或因城镇生活污水处理厂、工业污染治理设施、畜禽养殖粪污治理设施、生活垃圾渗滤液处理设施受到自然灾害严重破坏等造成无法达标排放导致考核断面超标的，可酌情将事件影响期内的相关月份水质数据剔除。特别重大、重大突发公共事件及各项处理设施受到严重破坏的，需提供职能部门的相关证明材料（如图片、水文资料、气象数据等）。

因气候原因导致考核断面水质受下游海湾、湖泊或河流非正常来水顶托影响，不能客观反映考核断面水质状况的，需由省级人民政府提供职能部门认可的证明资料（如图片、水文资料、气象数据、涨落潮信息），酌情扣除影响。

两省级行政区共同考核断面不达标时，若其中一方可提供确切依据证明断面超标是由另一方造成的，经生态环境部认可，非责任省级行政区该断面年度考核视为达标。

④上下游断面水质影响识别

判断《目标责任书》断面水质目标表中考核断面是否达到年度目标，若上游入境的省界断面及其下游相邻的本省级行政区考核断面水质均不达标，下游相邻本省级行政区考核断面在扣除上游省级行政区的入境断面水质影响后再进行评价，省级行政区内同一河流的其他断面不扣除上游入境断面的影响。若上游入境的省界断面未设水质目标时，该断面水质原则上应不低于被考核断面水质。

上下游断面均为河流断面。扣除入境水质影响可参考如下方法：

如果上游入境的省界断面污染物浓度超过其规定的目标值，则从考核断面实测污染物的通量中扣除超出部分的通量，再按考核断面的流量折算成浓度值进行考核（在流量小、流经路程短的情况下，暂不考虑自然降解因素）。扣除方法见公式（5-14）。

如果扣除上游影响后，出现考核断面调整浓度小于或等于 0 时，则以该断面的目标浓度参加考核。上游断面和下游断面之间没有任何支流存在，且水利、生态环境保护等部门均无任何断面流量数据，可酌情简化通量计算方式，直接采用浓度值进行计算。

$$C_{调整} = C_{实测} - \frac{\sum_{i=1}^{n}(C_i - C_{i0}) \times Q_i}{Q_{实测}} \quad (5\text{-}14)$$

式中：$C_{调整}$——下游本省级行政区考核断面某项污染指标扣除上游超标影响后的浓度值，mg/L；

$C_{实测}$——下游本省级行政区考核断面某项污染指标实际监测结果，mg/L；

C_i——第 i 条入境河流断面某项污染指标实际监测结果，mg/L；

C_{i0}——第 i 条入境河流断面某项污染指标目标浓度，mg/L；

Q_i——第 i 条入境河流断面流量，m^3/s；

$Q_{实测}$——下游本省级行政区考核断面流量，m^3/s。

上游入境断面为河流断面、下游省级行政区考核断面为湖库点位。扣除方法见公式（5-15）：

$$C_{调整} = C_{实测} - \frac{\sum_{i=1}^{n}(C_i - C_{i0}) \times Q_i}{V_{湖（库）}} \quad (5\text{-}15)$$

式中：Q_i——第 i 条入境河流当年水量，m^3/a；

$V_{湖（库）}$——下游本省级行政区考核点位所在的湖（库）库容，m^3。

如果上游入境断面水质达标，但入境断面水质目标低于下游本省级行政区考核断面湖库点位水质目标两个类别及以上的，当本省级行政区考核断面湖库点位总磷不达标时，可在扣除上游入境断面水质影响后再进行评价。

上游入境断面为湖（库）点位、下游本省级行政区考核断面为河流断面。按公式（5-16）扣除上游入境影响：

$$C_{调整} = C_{实测} - \frac{\left(C_{出湖（库）口} - C_{0出湖（库）口}\right) \times Q_{出湖（库）口}}{Q_{实测}} \quad (5\text{-}16)$$

式中：$C_{出湖（库）口}$——出湖（库）口某项污染指标实际监测结果，mg/L；

$C_{0出湖（库）口}$——出湖（库）口某项污染指标目标浓度，mg/L；

$Q_{出湖（库）口}$——出湖（库）口断面流量，m^3/s。

（4）计分方法

《目标责任书》断面水质目标表中的全部断面纳入考核计分。遇前述特殊情形，考核断面视为达标的，按水质目标类别纳入计分；考核断面视为不达标的，按水质目标类别降一类纳入计分。

①地表水水质优良（达到或优于Ⅲ类）比例

a. 未完成年度目标

按全省（自治区、直辖市）当年Ⅰ～Ⅲ类实际比例占当年目标比例的比重乘以水质优良指标分值的 60% 或 70% 进行计分。具体计算见公式（5-17）。

$$S_{\mathrm{I \sim III 类}} = \frac{R_{\text{当年实际}}}{R_{\text{当年目标}}} \times S_1 \times K_1 \qquad （5\text{-}17）$$

式中：$S_{\mathrm{I \sim III 类}}$——Ⅰ～Ⅲ类比例的得分；

$R_{\text{当年实际}}$——当年Ⅰ～Ⅲ类实际比例，%；

$R_{\text{当年目标}}$——《目标责任书》确定的当年Ⅰ～Ⅲ类目标比例，%；

S_1——地表水水质优良（达到或优于Ⅲ类）比例指标的分值，其中，非沿海省份为 40 分，沿海省份为 30 分；

K_1——若当年Ⅰ～Ⅲ类实际比例大于 70%（含），取值为 70%；否则取值为 60%。

b. 完成或超额完成年度目标

以完成年度Ⅰ～Ⅲ类比例目标得分与超额比例部分得分之和计，具体计算见公式（5-18）。若当年Ⅰ～Ⅲ类实际比例为 100%，则Ⅰ～Ⅲ类得分为 40 分（沿海省份为 30 分）。

$$S_{\mathrm{I \sim III 类}} = S_1 \times K_1 + \frac{R_{\text{当年实际}} - R_{\text{当年目标}}}{1 - R_{\text{当年目标}}} \times S_1 \times (1 - K_1) \qquad （5\text{-}18）$$

②地表水劣Ⅴ类断面比例

a. 未完成年度目标

按全省（自治区、直辖市）当年Ⅰ～Ⅴ类的实际比例占当年目标比例的比重乘以劣Ⅴ类指标分值的 70% 进行计分，具体计算见公式（5-19）。

$$S_{\text{劣V类}} = \frac{1 - R_{\text{当年实际}}}{1 - R_{\text{当年目标}}} \times S_2 \times K_2 \qquad （5\text{-}19）$$

式中：$S_{\text{劣V类}}$——地表水劣Ⅴ类比例的得分；

$R_{\text{当年实际}}$——当年劣Ⅴ类实际比例，%；

$R_{当年目标}$——《目标责任书》确定的当年劣 V 类目标比例，%；

S_2——地表水劣 V 类断面比例指标的分值，为 20 分；

K_2——取值为 70%。

b. 完成或超额完成年度目标

以完成年度劣 V 类比例目标得分与超额比例部分得分之和计，具体计算见公式（5-20）。当年劣 V 类目标为 0 且完成年度目标时，得 20 分。

$$S_{劣V类} = S_2 \times K_2 + \frac{R_{当年目标} - R_{当年实际}}{R_{当年目标}} \times S_2 \times (1 - K_2) \tag{5-20}$$

③加分项

《目标责任书》附表 1-3 考核断面中，按照基准年水质现状优于Ⅲ类（含）的断面实现升类的断面个数、V 类升为Ⅳ类的和规定了特定考核因子浓度的断面达到水质目标的断面个数之和占全省（自治区、直辖市）断面总个数的比重乘以考核断面变化情况的分值进行加分。同一断面不重复加分。具体计算见公式（5-21）。

$$S_{加} = \frac{D_{升} + D_{特殊}}{D} \times S_3 \tag{5-21}$$

式中：$S_{加}$——加分项得分；

$D_{升}$——与基准年相比，优于Ⅲ类（含）升类和 V 类升为Ⅳ类的考核断面个数，个；

$D_{特殊}$——规定了特定考核因子浓度的断面达到目标的断面个数，个；

D——全省（自治区、直辖市）断面总数；

S_3——考核断面变化情况的分值，20 分。

④扣分项

《目标责任书》附表 1-3 考核断面中，按未达到当年目标的断面个数占全省（自治区、直辖市）断面总个数的比重乘以考核断面变化情况的分值进行扣分。具体计算见公式（5-22）。

$$S_{扣} = \frac{D_{未达到当年目标}}{D} \times S_3 \tag{5-22}$$

式中：$S_{扣}$——扣分；

$D_{未达到当年目标}$——未达到年度目标的断面个数。

（5）地表水计分

最高为 60 分（沿海省份为 50 分）。具体计算见公式（5-23）。

$$S_{\text{地表水}} = S_{\text{I} \sim \text{III类}} + S_{\text{劣V类}} + S_{\text{加}} - S_{\text{扣}} \qquad (5\text{-}23)$$

5.3.3　考核方法

考核采用评分法，水环境质量目标完成情况和水污染防治重点工作完成情况满分均为 100 分，考核结果分为优秀、良好、合格、不合格 4 个等级。

以水环境质量目标完成情况划分等级，评分 90 分及以上为优秀，80 分（含）至 90 分为良好，60 分（含）至 80 分为合格，60 分以下为不合格（未通过考核）。

以水污染防治重点工作完成情况进行校核，评分大于 60 分（含），水环境质量评分等级即为考核结果；评分小于 60 分，水环境质量评分等级降一档作为考核结果。日常检查情况作为重点工作完成情况考核的基本内容纳入年度考核计分。

遇重大自然灾害（如干旱、洪涝、地震等）或重大工程建设、调度等，对上下游、左右岸水环境质量产生重大影响以及其他重大特殊情形的，可结合重点工作完成情况，综合考虑后最终确定年度考核结果。

5.4　水环境质量排名方法

为进一步加强城市水污染防治工作、改善城市地表水环境质量，充分发挥城市国家地表水考核断面水环境质量排名的倒逼作用，国家生态环境主管部门研究制定了《城市地表水环境质量排名技术规定（试行）》和《地级及以上城市国家地表水考核断面水环境质量排名方案（试行）》，提出了针对不同城市的地表水环境质量进行比较排名的方法。

5.4.1　排名方法

城市地表水环境质量排名包括城市地表水环境质量状况排名和城市地表水环境质量变化情况排名。排名方法基于城市水质指数，即 CWQI。

5.4.1.1　城市水质指数

（1）河流水质指数

河流水质指数计算采用《地表水环境质量标准》（GB 3838—2002）表 1 中除水温、粪大肠菌群和总氮以外的 21 项指标，包括 pH、溶解氧、高锰酸盐指数、生化需氧量、氨氮、石油类、挥发酚、汞、铅、总磷、化学需氧量、铜、锌、氟化物、硒、砷、镉、铬（六价）、氰化物、阴离子表面活性剂和硫化物。

先计算出所有河流监测断面各单项指标浓度的算术平均值，计算出单项指标的水质指数，再综合计算河流的水质指数 $\text{CWQI}_{河流}$。低于检出限的项目，按照 1/2 检出限值参加计算各单项指标浓度的算术平均值。

①单项指标的水质指数

用各单项指标的浓度值除以该指标对应的地表水Ⅲ类标准限值，计算单项指标的水质指数，如公式（5-24）所示：

$$\text{CWQI}(i) = \frac{C(i)}{C_s(i)} \qquad （5\text{-}24）$$

式中：$C(i)$——第 i 个水质指标的浓度值；

$C_s(i)$——第 i 个水质指标地表水Ⅲ类标准限值；

$\text{CWQI}(i)$——第 i 个水质指标的水质指数。

此外：

a. 溶解氧的计算

$$\text{CWQI}(\text{DO}) = \frac{C_s(\text{DO})}{C(\text{DO})} \qquad （5\text{-}25）$$

式中：$C(\text{DO})$——溶解氧的浓度值；

$C_s(\text{DO})$——溶解氧的地表水Ⅲ类标准限值；

$\text{CWQI}(\text{DO})$——溶解氧的水质指数。

b. pH 的计算

如果 pH≤7 时，计算如公式（5-26）所示：

$$\text{CWQI}(\text{pH}) = \frac{7.0 - \text{pH}}{7.0 - \text{pH}_{sd}} \qquad （5\text{-}26）$$

如果 pH＞7 时，计算如公式（5-27）所示：

$$\text{CWQI}(\text{pH}) = \frac{\text{pH} - 7.0}{\text{pH}_{su} - 7.0} \qquad （5\text{-}27）$$

式中：pH_{sd}——GB 3838—2002 中 pH 的下限值；

pH_{su}——GB 3838—2002 中 pH 的上限值；

$\text{CWQI}(\text{pH})$——pH 的水质指数。

②河流水质指数

根据各单项指标的 CWQI，取其加和值即为河流的 $\text{CWQI}_{河流}$，计算如公式（5-28）所示：

$$CWQI_{河流} = \sum_{i=1}^{n} CWQI(i) \qquad (5-28)$$

式中：$CWQI_{河流}$——河流水质指数；

$CWQI(i)$——第 i 个水质指标的水质指数；

n——水质指标个数。

（2）湖库水质指数

湖库水质指数（$CWQI_{湖库}$）计算方法与河流一致，先计算出所有湖库监测点位各单项指标浓度的算术平均值，计算出单项指标的水质指数，再综合计算出湖库的 $CWQI_{湖库}$。低于检出限的项目，按照 1/2 检出限值参加计算各单项指标浓度的算术平均值。

另外，在计算单项指标的水质指数时，《地表水环境质量标准》（GB 3838—2002）的表 1 中湖库总磷的Ⅲ类标准限值与河流的不同，为 0.05 mg/L。

（3）城市水质指数

根据城市行政区域内河流和湖库的 CWQI，取其加权平均值即为该城市的 $CWQI_{城市}$，计算如公式（5-29）所示：

$$CWQI_{城市} = \frac{CWQI_{河流} \times M + CWQI_{湖库} \times N}{(M+N)} \qquad (5-29)$$

式中：$CWQI_{城市}$——城市水质指数；

$CWQI_{河流}$——河流水质指数；

$CWQI_{湖库}$——湖库水质指数；

M——城市的河流断面数；

N——城市的湖库点位数。

若排名城市仅有河流断面，无湖库点位，则取城市的河流水质指数为该城市的城市水质指数。计算如公式（5-30）所示：

$$CWQI_{城市} = CWQI_{河流} \qquad (5-30)$$

5.4.1.2　城市地表水环境质量状况排名

城市地表水环境质量状况排名基于城市水质指数 $CWQI_{城市}$。按照城市水质指数从小到大的顺序进行排名，排名越靠前说明城市地表水环境质量状况越好。

5.4.1.3　城市地表水环境质量变化情况排名

城市地表水环境质量变化情况排名基于城市水质指数的变化程度 $\Delta CWQI_{城市}$。$\Delta CWQI_{城市}$ 为负值，说明城市地表水环境质量变好；$\Delta CWQI_{城市}$ 为正值，说明城市地表水环境质量变差。按照 $\Delta CWQI_{城市}$ 从小到大的顺序进行排名，排名越靠前说明城市地表水环境质量改善程度越高。$\Delta CWQI_{城市}$ 计算如公式（5-31）所示：

$$\Delta CWQI_{城市} = \frac{CWQI_{城市} - CWQI_{城市0}}{CWQI_{城市0}} \times 100\% \qquad （5\text{-}31）$$

式中：$\Delta CWQI_{城市}$——城市水质指数的变化程度；

$\quad\quad CWQI_{城市}$——城市水质指数；

$\quad\quad CWQI_{城市0}$——前一时段的城市水质指数。

5.4.2　数据统计

5.4.2.1　断面（点位）城市归属

城市指城市管辖市域包括下属区县和已改为省直管的县；涉及上游、下游城市的出入境断面，均纳入上游城市排名；存在往返流的断面按照年度主流方向，确定上游城市进行排名；涉及两个或多个城市界河的断面，同时参与所有涉及城市的排名。

5.4.2.2　数据统计和计算

按不同时段进行城市地表水环境质量排名时，采用各监测断面（点位）排名时段每个月监测数据的算术平均值计算排名；低于检出限的项目，按照 1/2 检出限值参与计算算术平均值。

（1）缺少监测数据的处理方式

①因特别重大或重大水旱、气象、地震、地质等自然灾害或常年自然季节性河流以及上游其他城市不合理开发利用等原因导致断面断流无监测数据的，以该断面实际有水月份的监测数据计算城市水质指数。以上情况需提供职能部门的相关证明材料（如图片、水文资料、气象数据等）。

②因断面汇水范围内实施治污清淤等引起所在水体断流的，省级生态环境主管部门应组织在工程上游确定临时替代监测点位并报生态环境部核准，以该断面实际有水月份和断流月份临时替代监测点位的监测数据计算城市水质指数。治污清淤实施前应向省级生态环境主管部门通报工程实施计划，并提供工程实施的证明文件、图片资料等（包括招标合同、开工证明、清淤位置、淤泥去向、土方量、上游汇水去向、施工时限等）；如不能提供上述资料，则以该城市水质最差断面（点位）最差月份数据计算城市水质指数。若最差月份水质好于劣 V 类，则主要污染指标均以 V 类水质标准浓度值计算城市水质指数。

③其他非上述原因，如渗坑、不合理开发利用（2015 年 12 月前实施完成除外）

引起河流断流等，导致城市任一断面（点位）部分月份（冰封期或监测规定允许情形的除外）无监测数据，则以该城市水质最差断面（点位）最差月份数据计算城市水质指数。若最差月份水质好于劣 V 类，则主要污染指标均以 V 类水质标准浓度值计算城市水质指数。

（2）上下游断面水质影响的处理方式

若城市上游入境断面水质不达标，参照《水污染防治行动计划实施情况考核规定（试行）》中的相关规定，扣除上游影响后计算该城市水质指数。

5.4.2.3　数据修约

数据统计和计算结果按照《数值修约规则与极限数值的表示和判定》（GB/T 8170—2008）的要求进行修约。

各项指标浓度值保留小数位数比《地表水环境质量标准》（GB 3838—2002）中的 I 类标准限值多 1 位，若按此修约为 0 则至少保留至小数点后 1 位有效位数。

城市水质指数 $CWQI_{城市}$ 保留 4 位小数，城市水质指数的变化程度 $\Delta CWQI_{城市}$（百分数）保留 2 位小数。

第 6 章

长江水环境质量状况

长江大保护离不开对长江水环境质量状况及变化趋势的科学、全面、准确评估。近年来，随着长江大保护的持续推进，长江水环境质量从流域总体情况到干流、支流、重要湖库和重点断面等均有不同程度的改善，真正践行了在发展中保护，在保护中发展。

6.1 长江流域总体水质状况

6.1.1 长江流域主要江河

2016—2020 年长江流域主要江河总体水质呈稳中向好的变化趋势（图 6-1），2016—2018 年水质均为良好，2019 年和 2020 年水质为优。Ⅰ～Ⅲ类水质断面比例呈逐年上升趋势（表 6-1），由 2016 年的 82.4% 升至 2020 年的 96.1%，上升 13.7 个百分点。其中，Ⅰ类断面比例从 2016 年的 2.3% 增加到 2020 年的 7.0%，增加 4.7 个百分点；Ⅱ类断面比例从 2016 年的 49.2% 增加到 2020 年的 61.2%，增加 12.0 个百分点；Ⅲ类断面比例从 2016 年的 30.9% 减少到 2020 年的 27.9%，下降 3.0 个百分点。劣Ⅴ类水质断面比例呈逐年下降趋势，由 2016 年的 3.7% 降至 2020 年的 0。长江流域水污染防治工作成效显著。

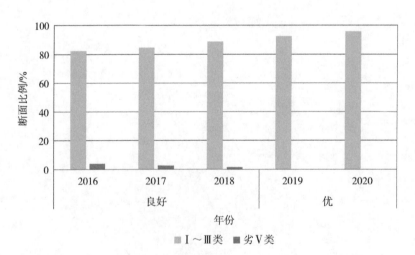

图 6-1 2016—2020 年长江流域主要江河水质类别比例年际变化

表 6-1 2016—2020 年长江流域主要江河水质类别比例年际变化

年份	监测断面/个	断面比例/%						
		Ⅰ类	Ⅱ类	Ⅲ类	Ⅳ类	Ⅴ类	劣Ⅴ类	Ⅰ~Ⅲ类
2016	596	2.3	49.2	30.9	10.2	3.7	3.7	82.4
2017	596	2.5	51.2	31.0	10.9	1.8	2.5	84.7
2018	596	4.5	53.7	30.4	8.9	0.8	1.7	88.6
2019	595	2.9	61.3	28.4	5.9	1.0	0.5	92.6
2020	596	7.0	61.2	27.9	3.4	0.5	0.0	96.1

6.1.2 长江流域重要湖库

2016—2020 年长江流域重要湖库整体为轻度污染，水质呈波动好转的趋势（表 6-2）。与 2016 年相比，2020 年长江流域重要湖库Ⅰ~Ⅲ类水质点位比例有所增加，劣Ⅴ类点位比例有所下降。其中，Ⅰ~Ⅲ类点位比例从 2016 年的 42.4% 增加到 2020 年的 47.5%，增加 5.1 个百分点；Ⅳ类点位比例从 2016 年的 41.5% 增加到 2020 年的 42.4%，增加 0.9 个百分点；Ⅴ类点位比例由 2016 年的 14.4% 下降至 2020 年的 9.3%，下降 5.1 个百分点；劣Ⅴ类点位比例从 2016 年的 1.7% 下降至 2020 年的 0.8%，下降 0.9 个百分点。

表 6-2 2016—2020 年长江流域重要湖库水质类别比例年际变化

年份	监测断面/个	断面比例/%							水质状况
		Ⅰ类	Ⅱ类	Ⅲ类	Ⅳ类	Ⅴ类	劣Ⅴ类	Ⅰ~Ⅲ类	
2016	118	4.2	17.8	20.3	41.5	14.4	1.7	42.4	轻度污染
2017	118	3.4	18.6	15.3	44.9	11.0	6.8	37.3	轻度污染
2018	117	5.1	13.7	13.7	47.9	17.9	1.7	32.5	轻度污染
2019	117	4.3	13.7	19.7	45.3	12.8	4.3	37.6	轻度污染
2020	118	5.9	16.9	24.6	42.4	9.3	0.8	47.5	轻度污染

6.1.3 长江流域优化调整后总体水质

长江流域水环境监测网络优化调整后，共设置河流断面 1 183 个，湖库点位 145 个，与调整前相比分别增加了 587 个和 27 个。2020 年，实际监测了 1 182 个河流断面和 145 个湖库点位。

2020 年，按优化调整断面统计，长江流域主要江河水质为优（表 6-3），Ⅰ～Ⅲ类断面比例为 95.6%，劣Ⅴ类断面比例为 0.4%；与调整前相比，Ⅰ～Ⅲ类断面比例减少 0.5 个百分点，劣Ⅴ类断面比例增加 0.4 个百分点，水质无明显变化。新增的河流断面中共有 5 个劣Ⅴ类断面，分别为湖北荆门利河入汉江口、河南驻马店泌阳河泌阳县、云南楚雄菜园河（武定河）木果甸村、河南南阳白河上范营村和湖南湘西花垣河狮子桥坝下断面。利河入汉江口断面主要污染指标为总磷（0.466 mg/L，1.3①），泌阳河泌阳县断面主要污染指标为氨氮（2.33 mg/L，1.3）、总磷（0.3 mg/L，0.5）和化学需氧量（21.1 mg/L，0.06），木果甸村断面主要污染指标为氨氮（3.22 mg/L，2.2）、总磷（0.452 mg/L，1.3）和五日生化需氧量（5.1 mg/L，0.3），上范营村断面主要污染指标为氨氮（5.55 mg/L，4.6）、总磷（0.455 mg/L，1.3）、化学需氧量（23.8 mg/L，0.2）和五日生化需氧量（4.2 mg/L，0.05），狮子桥坝下断面主要污染指标为镉（0.010 02 mg/L，1.0）。

2020 年，按优化调整点位统计，长江流域重要湖库水质为轻度污染，Ⅰ～Ⅲ类点位比例为 51.0%，劣Ⅴ类点位比例为 0.7%；与调整前相比，Ⅰ～Ⅲ类点位比例增加 3.5 个百分点，劣Ⅴ类点位比例减少 0.1 个百分点，水质略有好转。1 个劣Ⅴ类点位为云南省丽江市程海湖中，主要污染指标为氟化物（2.386 mg/L，1.4）和化学需氧量（26.4 mg/L，0.3）。

表 6-3　2020 年优化调整前后长江流域河湖水质类别比例

断面类型		监测断面 / 个	断面比例 /%						
			Ⅰ类	Ⅱ类	Ⅲ类	Ⅳ类	Ⅴ类	劣Ⅴ类	Ⅰ～Ⅲ类
调整前	河流	596	7.0	61.2	27.9	3.4	0.5	0.0	96.1
	湖库	118	5.9	16.9	24.6	42.4	9.3	0.8	47.5
调整后	河流	1 182	6.3	64.2	25.0	3.5	0.5	0.4	95.6
	湖库	145	5.5	17.2	28.3	37.9	10.3	0.7	51.0
差值	河流	586	-0.7	3.0	-2.9	0.1	0.0	0.4	-0.5
	湖库	27	-0.4	0.3	3.7	-4.5	1.0	-0.1	3.5

---

① 括号中数据为（污染指标浓度，超标倍数），下同。

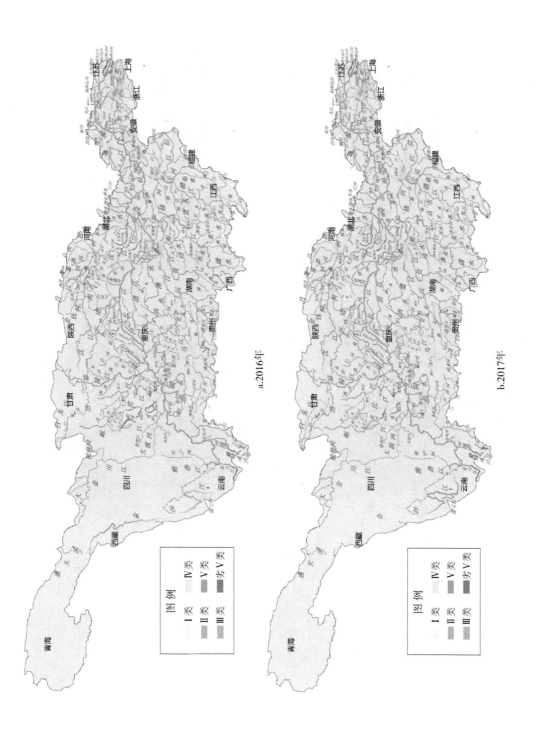

a.2016年

b.2017年

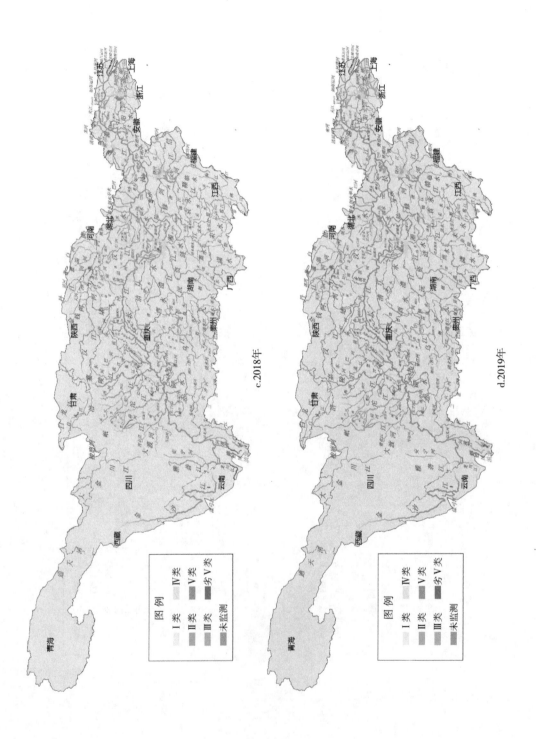

c.2018年

d.2019年

e.2020年

图6-2　2016—2020年长江流域水质状况

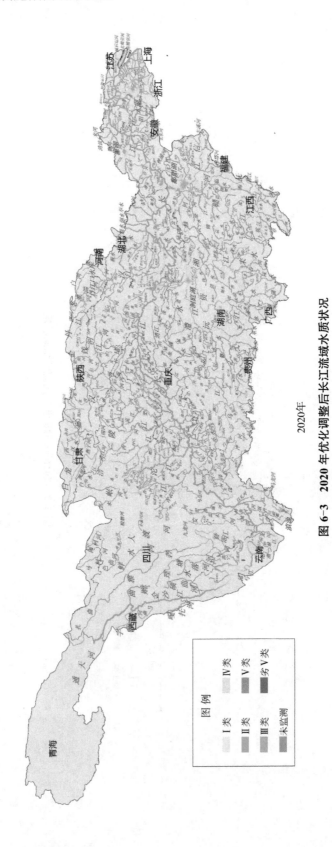

2020年

图 6-3　2020 年优化调整后长江流域水质状况

6.1.4　长江干流水质状况

（1）长江干流整体水质

2016—2020 年长江干流水质均为优。2016 年以来 I ～ III 类水质断面比例均高于 90%，其中：2016 年为 94.9%；2017—2020 年稳定保持在 100%（图 6-4）。

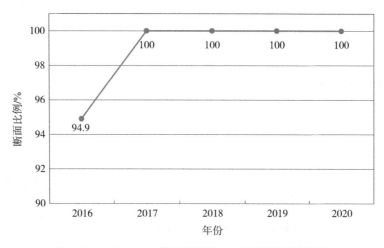

图 6-4　2016—2020 年长江干流 I ～ III 类断面比例变化

从具体水质类别比例变化看，2016—2020 年 II 类水质断面比例呈波动上升的变化趋势（表 6-4），由 2016 年的 50.8% 上升至 2020 年的 89.8%，增加了 39.0 个百分点；III 类水质断面比例呈先上升后下降的趋势，最高值出现在 2017 年，比例为 52.5%，最低值出现在 2020 年，比例为 0；IV 类断面比例除 2016 年为 5.1% 外，其余年份均为 0；长江干流未出现过 V 类和劣 V 类水质断面。

表 6-4　2016—2020 年长江干流水质类别比例年际变化

年份	监测断面 / 个	断面比例 /%						
		I 类	II 类	III 类	IV 类	V 类	劣 V 类	I ～ III 类
2016	59	6.8	50.8	37.3	5.1	0.0	0.0	94.9
2017	59	6.8	40.7	52.5	0.0	0.0	0.0	100.0
2018	59	6.8	78.0	15.3	0.0	0.0	0.0	100.0
2019	59	6.8	91.5	1.7	0.0	0.0	0.0	100.0
2020	59	10.2	89.8	0.0	0.0	0.0	0.0	100.0

（2）长江干流主要监测指标

对长江干流 2016—2020 年主要监测指标总磷、高锰酸盐指数和氨氮进行统计，

3 项主要指标的变化趋势如图 6-5～图 6-7 所示。

2016 年以来，长江干流总磷浓度年均值均低于 0.1 mg/L，满足 Ⅱ 类标准；整体呈下降趋势，每年的浓度变化范围趋于稳定，且近 5 年来最高值逐年降低。

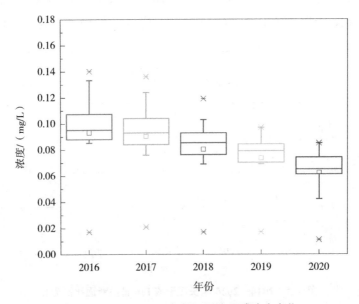

图 6-5　2016—2020 年长江干流总磷浓度变化

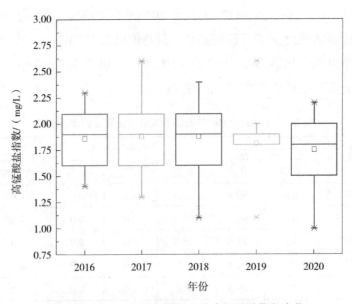

图 6-6　2016—2020 年长江干流高锰酸盐指数变化

2016 年以来，长江干流高锰酸盐指数年均值均低于 2.0 mg/L，满足Ⅰ类标准，整体呈下降趋势。

2016 年以来，长江干流氨氮浓度年均值均低于 0.15 mg/L，满足Ⅰ类标准，整体呈下降趋势。

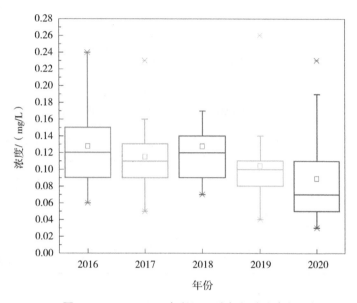

图 6-7　2016—2020 年长江干流氨氮浓度变化

（3）可比断面沿程变化

为了解长江干流不同位置主要监测指标浓度随时空变化，选择上游青海省直门达、中游湖北省南津关和下游上海市朝阳农场这 3 个具有空间代表性的连续监测断面进行分析。如图 6-8 所示。

从总磷指标来看，长江干流 3 个断面呈现明显的上下游变化关系，总磷浓度沿程逐渐上升，即上游青海省直门达断面＜中游湖北省南津关断面＜下游上海市朝阳农场断面。从 5 年变化情况来看，上游青海省直门达和下游上海市朝阳农场断面总磷浓度整体呈波动下降趋势，中游湖北省南津关断面总磷浓度持续下降，均满足地表水Ⅲ类水质标准。

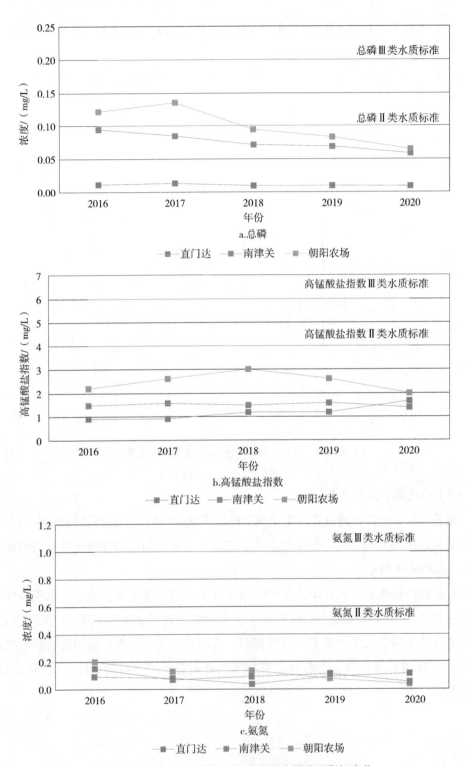

图 6-8　2016—2020 年长江干流断面主要监测指标变化

从高锰酸盐指数指标来看，长江干流 3 个断面呈现较明显的上下游变化关系，高锰酸盐指数浓度沿程逐渐上升，即上游青海省直门达断面＜中游湖北省南津关断面＜下游上海市朝阳农场断面。从 5 年变化情况来看，上游青海省直门达、中游湖北省南津关和下游上海市朝阳农场断面高锰酸盐指数整体处于相对稳定状态，均满足地表水 Ⅱ 类水质标准。

从氨氮指标来看，长江干流 3 个断面上下游变化关系并不显著，氨氮浓度沿程基本处于 0.2 mg/L 以下水平。从 5 年变化情况来看，上游青海省直门达、中游湖北省南津关和下游上海市朝阳农场断面氨氮浓度整体呈稳定波动，略有下降趋势，均满足地表水 Ⅱ 类水质标准。

为更详细分析长江干流沿程主要污染指标变化趋势，根据 2016—2020 年长江流域水质监测结果，统计了长江干流 59 个监测断面的总磷、高锰酸盐指数和氨氮 3 个污染指标的变化趋势，如图 6-9 所示。

从总磷指标来看，长江干流总磷浓度总体呈先升后降再升的上下游沿程变化关系，即源头水浓度低、随着流经区域增加总磷浓度先上升后下降，到下游上海市朝阳农场断面又升高。从 5 年变化情况来看，长江干流总磷浓度呈较明显的下降趋势，均满足地表水 Ⅲ 类水质标准。

从高锰酸盐指数指标来看，长江干流高锰酸盐指数总体呈较平稳的沿程变化关系，除中游部分断面浓度稍高于其他区域外，上游、中游、下游各区域高锰酸盐指数总体变化不大。从 5 年变化情况来看，长江干流高锰酸盐指数变化幅度不大，均满足地表水 Ⅱ 类水质标准。

从氨氮指标来看，长江干流氨氮浓度总体呈较平稳的沿程变化关系，除中游和下游部分断面浓度稍高于其他区域外，上游、中游、下游各区域氨氮浓度总体变化不大。从 5 年变化情况来看，长江干流氨氮浓度变化幅度不大，除 2017 年湖北柳口断面氨氮浓度为 Ⅲ 类外，其余均满足地表水 Ⅱ 类水质标准。

长江水环境监测网络运行体系构建与实践

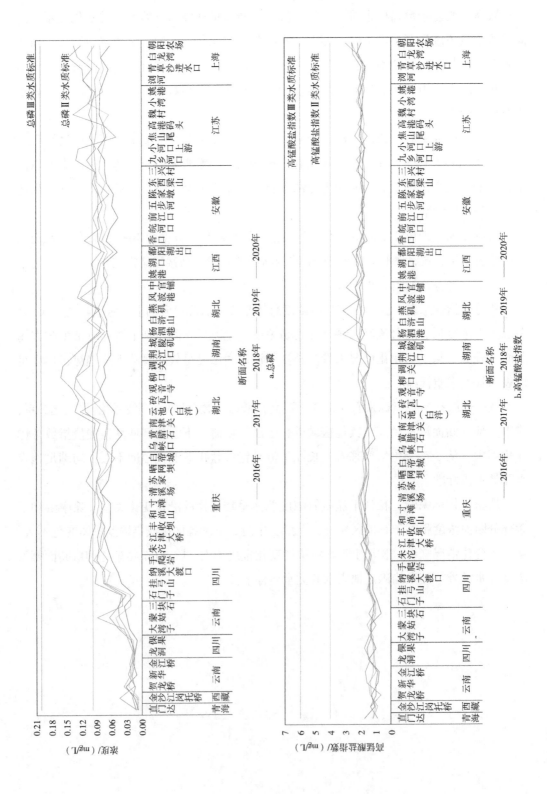

144

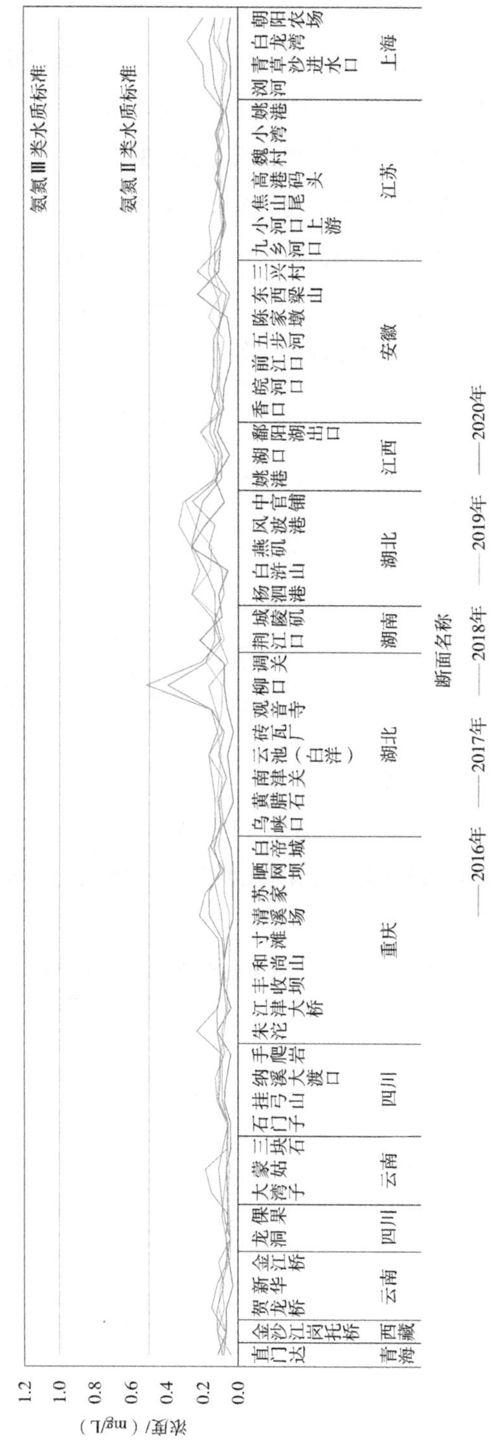

图 6-9　2016—2020 年长江干流可比断面主要监测指标变化趋势

6.1.5 长江主要支流水质状况

2016—2020 年，长江主要支流总体水质呈稳中向好的变化趋势（图 6-10，表 6-5），2016—2018 年水质均为良好，2019 年和 2020 年水质为优。Ⅰ～Ⅲ类断面比例呈逐年上升趋势，由 2016 年的 80.7% 上升至 2020 年的 96.3%，上升 15.6 个百分点。其中，Ⅰ类断面比例从 2016 年的 2.2% 增加到 2020 年的 8.0%，增加 5.8 个百分点；Ⅱ类断面比例从 2016 年的 53.9% 增加到 2020 年的 65.0%，增加 11.1 个百分点；Ⅲ类断面比例从 2016 年的 24.6% 减少到 2020 年的 23.3%，下降 1.3 个百分点。劣Ⅴ类水质断面比例呈逐年下降趋势，由 2016 年的 4.0% 下降至 2020 年的 0，下降 4.0 个百分点。

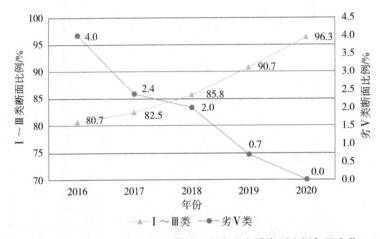

图 6-10　2016—2020 年长江流域主要支流水质类别比例年际变化

表 6-5　2016—2020 年长江流域主要支流水质类别比例年际变化

年份	监测断面 / 个	断面比例 /%						
		Ⅰ类	Ⅱ类	Ⅲ类	Ⅳ类	Ⅴ类	劣Ⅴ类	Ⅰ～Ⅲ类
2016	451	2.2	53.9	24.6	10.2	5.1	4.0	80.7
2017	451	1.6	44.8	36.1	11.5	3.5	2.4	82.5
2018	451	5.5	51.7	28.6	10.2	2.0	2.0	85.8
2019	450	2.9	63.8	24.0	7.6	1.1	0.7	90.7
2020	451	8.0	65.0	23.3	3.3	0.4	0.0	96.3

6.1.6 省界断面水质状况

长江流域 72 个省界断面水质类别比例变化如图 6-11 所示，Ⅰ～Ⅲ类水质断面比例由 2016 年的 87.5% 上升至 2020 年的 98.6%，增加 11.1 个百分点；Ⅳ～Ⅴ类断面比例由 2016 年的 12.5% 下降至 2020 年的 1.4%，下降 11.1 个百分点；无劣Ⅴ类断面。

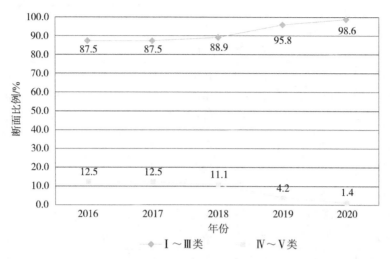

图 6-11　2016—2020 年长江流域省界断面水质类别比例年际变化

72 个省界断面中仅有龙洞断面 2016—2020 年连续 5 年水质均为Ⅰ类，连续 5 年均为Ⅱ类的省界断面有 29 个，连续 5 年均为Ⅲ类的省界断面有 6 个，连续 5 年均为Ⅳ类的省界断面有 1 个；水质处于Ⅰ～Ⅱ类的省界断面有 11 个，水质处于Ⅱ～Ⅲ类的省界断面有 13 个，水质处于Ⅲ～Ⅳ类的省界断面有 9 个。乌江的万木断面水质在Ⅱ～Ⅳ类波动，2020 年万木断面水质为Ⅱ类，水质较 2016 年有所好转，水质好转一个类别。吴淞江的赵屯断面在Ⅲ～Ⅴ类波动，2020 年赵屯断面水质为Ⅲ类，水质较2016 年明显好转，水质好转两个类别。

2016—2020 年长江流域 72 个省界断面水质类别见表 6-6。

表 6-6　2016—2020 年长江流域 72 个省界断面水质类别

序号	河流名称	断面名称	跨界省份	所在地区	水质类别				
					2016 年	2017 年	2018 年	2019 年	2020 年
1	金沙江	金沙江岗托桥	川－藏	昌都	Ⅱ	Ⅰ	Ⅰ	Ⅰ	Ⅱ
2	金沙江	贺龙桥	川－滇	迪庆	Ⅰ	Ⅰ	Ⅱ	Ⅱ	Ⅱ
3	金沙江	龙洞	滇－川	攀枝花	Ⅰ	Ⅰ	Ⅰ	Ⅰ	Ⅰ
4	金沙江	大湾子	川－滇	楚雄	Ⅱ	Ⅱ	Ⅱ	Ⅱ	Ⅱ
5	金沙江	蒙姑	川－滇	昆明	Ⅱ	Ⅱ	Ⅱ	Ⅱ	Ⅱ
6	金沙江	三块石	滇－川	昭通	Ⅱ	Ⅱ	Ⅱ	Ⅱ	Ⅱ

序号	河流名称	断面名称	跨界省份	所在地区	水质类别				
					2016年	2017年	2018年	2019年	2020年
7	长江	朱沱	川－渝	永川	Ⅲ	Ⅱ	Ⅱ	Ⅱ	Ⅱ
8	长江	巫峡口	渝－鄂	恩施	Ⅱ	Ⅱ	Ⅱ	Ⅱ	Ⅱ
9	长江	荆江口	鄂－湘	岳阳	Ⅲ	Ⅲ	Ⅲ	Ⅱ	Ⅱ
10	长江	中官铺	鄂－赣	黄冈	Ⅲ	Ⅱ	Ⅱ	Ⅱ	Ⅱ
11	长江	姚港	赣－鄂	九江	Ⅱ	Ⅱ	Ⅱ	Ⅱ	Ⅱ
12	长江	香口	赣－皖	池州	Ⅲ	Ⅱ	Ⅱ	Ⅱ	Ⅱ
13	长江	三兴村	皖－苏	马鞍山	Ⅱ	Ⅱ	Ⅱ	Ⅱ	Ⅱ
14	长江	浏河	苏－沪	上海	Ⅲ	Ⅲ	Ⅱ	Ⅱ	Ⅱ
15	横江	横江桥	滇－川	昭通	Ⅱ	Ⅲ	Ⅱ	Ⅱ	Ⅱ
16	赤水河	清水铺	滇－黔	毕节	Ⅱ	Ⅱ	Ⅱ	Ⅱ	Ⅱ
17	赤水河	鲢鱼溪	黔－川	赤水	Ⅱ	Ⅱ	Ⅱ	Ⅱ	Ⅱ
18	嘉陵江	灶火庵	陕－甘	宝鸡	Ⅱ	Ⅱ	Ⅱ	Ⅱ	Ⅱ
19	嘉陵江	八庙沟	陕－川	广元	Ⅱ	Ⅱ	Ⅰ	Ⅱ	Ⅰ
20	嘉陵江	金子	川－渝	合川	Ⅱ	Ⅱ	Ⅱ	Ⅱ	Ⅱ
21	乌江	万木	黔－渝	酉阳	Ⅲ	Ⅳ	Ⅲ	Ⅲ	Ⅱ
22	綦江河	石门坎	黔－渝	綦江	Ⅱ	Ⅱ	Ⅱ	Ⅱ	Ⅱ
23	御临河	幺滩	川－渝	广安	Ⅲ	Ⅱ	Ⅱ	Ⅲ	Ⅱ
24	大洪河（大洪湖）	黎家乡崔家岩村	川－渝	长寿	Ⅲ	Ⅲ	Ⅲ	Ⅲ	Ⅲ
25	湘江	绿埠头	桂－湘	永州	Ⅱ	Ⅱ	Ⅱ	Ⅱ	Ⅱ
26	沅江	托口	黔－湘	怀化	Ⅱ	Ⅱ	Ⅱ	Ⅱ	Ⅱ
27	松滋河	马坡湖	鄂－湘	常德	Ⅲ	Ⅲ	Ⅱ	Ⅱ	Ⅱ
28	汉江	羊尾	陕－鄂	十堰	Ⅱ	Ⅱ	Ⅱ	Ⅱ	Ⅱ
29	滁河	陈浅	皖－苏	南京	Ⅲ	Ⅲ	Ⅲ	Ⅲ	Ⅲ
30	洪渡河	长脚	黔－渝	遵义	Ⅱ	Ⅱ	Ⅰ	Ⅱ	Ⅱ
31	习水河	长沙	黔－川	赤水	Ⅱ	Ⅱ	Ⅱ	Ⅱ	Ⅱ
32	羊蹬河	坡渡	黔－渝	遵义	Ⅱ	Ⅱ	Ⅱ	Ⅱ	Ⅱ
33	白龙江	姚渡	甘－川	广元	Ⅰ	Ⅰ	Ⅰ	Ⅱ	Ⅱ
34	芙蓉江	江口镇	黔－渝	武隆	Ⅱ	Ⅱ	Ⅱ	Ⅱ	Ⅰ
35	涪江	玉溪	川－渝	潼南	Ⅱ	Ⅱ	Ⅱ	Ⅱ	Ⅱ

序号	河流名称	断面名称	跨界省份	所在地区	水质类别				
					2016 年	2017 年	2018 年	2019 年	2020 年
36	濑溪河	高洞电站	渝－川	荣昌	Ⅲ	Ⅳ	Ⅳ	Ⅲ	Ⅲ
37	渠江	码头	川－渝	合川	Ⅱ	Ⅱ	Ⅱ	Ⅱ	Ⅱ
38	任河	水寨子	渝－川	城口	Ⅱ	Ⅱ	Ⅱ	Ⅱ	Ⅱ
39	辰水	铜信溪电站	黔－湘	怀化	Ⅱ	Ⅱ	Ⅱ	Ⅱ	Ⅱ
40	夫夷水	窑市	桂－湘	邵阳	Ⅱ	Ⅱ	Ⅱ	Ⅱ	Ⅱ
41	渠水	地阳坪公路大桥	黔－湘	怀化	Ⅱ	Ⅱ	Ⅱ	Ⅱ	Ⅱ
42	舞水	鱼市	黔－湘	怀化	Ⅱ	Ⅱ	Ⅱ	Ⅱ	Ⅱ
43	酉水	里耶镇	渝－湘	湘西	Ⅱ	Ⅱ	Ⅱ	Ⅱ	Ⅱ
44	丹江	淅川荆紫关	陕－豫	南阳	Ⅱ	Ⅱ	Ⅱ	Ⅱ	Ⅱ
45	娄水	江口村	鄂－湘	恩施	Ⅰ	Ⅰ	Ⅱ	Ⅱ	Ⅱ
46	唐岩河	周家坝	鄂－渝	恩施	Ⅱ	Ⅱ	Ⅰ	Ⅱ	Ⅱ
47	酉水	百福司镇	鄂－渝	恩施	Ⅱ	Ⅱ	Ⅰ	Ⅱ	Ⅱ
48	郁江	长顺乡	鄂－渝	恩施	Ⅱ	Ⅱ	Ⅱ	Ⅱ	Ⅱ
49	堵河	界牌沟	陕－鄂	十堰	Ⅱ	Ⅱ	Ⅱ	Ⅱ	Ⅰ
50	金钱河	玉皇滩	陕－鄂	十堰	Ⅱ	Ⅱ	Ⅱ	Ⅱ	Ⅰ
51	萍水河	金鱼石	赣－湘	萍乡	Ⅱ	Ⅲ	Ⅲ	Ⅲ	Ⅲ
52	昌江	镇埠	皖－赣	景德镇	Ⅱ	Ⅱ	Ⅱ	Ⅱ	Ⅱ
53	太浦河	汾湖大桥	苏－沪	青浦	Ⅲ	Ⅲ	Ⅱ	Ⅱ	Ⅱ
54	琼江	光辉	川－渝	潼南	Ⅳ	Ⅳ	Ⅳ	Ⅲ	Ⅲ
55	花垣河	石花村	黔－湘	湘西	Ⅱ	Ⅲ	Ⅲ	Ⅱ	Ⅱ
56	白河	翟湾	豫－鄂	襄阳	Ⅲ	Ⅲ	Ⅲ	Ⅲ	Ⅲ
57	唐河	埠口	豫－鄂	襄阳	Ⅲ	Ⅳ	Ⅳ	Ⅲ	Ⅲ
58	滔河	王河电站	鄂－豫	十堰	Ⅱ	Ⅱ	Ⅱ	Ⅱ	Ⅱ
59	前河	土堡寨	渝－川	城口	Ⅱ	Ⅱ	Ⅱ	Ⅱ	Ⅱ
60	任市河	联盟桥	渝－川	达州	Ⅲ	Ⅲ	Ⅲ	Ⅲ	Ⅲ
61	京杭运河	王江泾	苏－浙	嘉兴	Ⅳ	Ⅳ	Ⅳ	Ⅲ	Ⅲ
62	澜溪塘	乌镇北	浙－苏	嘉兴	Ⅳ	Ⅳ	Ⅲ	Ⅲ	Ⅲ
63	红旗塘	红旗塘大坝	浙－沪	嘉兴	Ⅳ	Ⅳ	Ⅲ	Ⅲ	Ⅲ
64	千灯浦	千灯浦口	苏－沪	苏州	Ⅲ	Ⅲ	Ⅲ	Ⅲ	Ⅲ

序号	河流名称	断面名称	跨界省份	所在地区	水质类别				
					2016年	2017年	2018年	2019年	2020年
65	朱厍港	朱厍港口	苏－沪	苏州	Ⅲ	Ⅲ	Ⅲ	Ⅲ	Ⅲ
66	梅溧河	殷桥	皖－苏	宣城	Ⅳ	Ⅳ	Ⅳ	Ⅳ	Ⅳ
67	俞汇塘	池家浜水文站	浙－沪	嘉兴	Ⅲ	Ⅲ	Ⅲ	Ⅲ	Ⅲ
68	枫泾塘	枫南大桥	浙－沪	嘉兴	Ⅳ	Ⅳ	Ⅳ	Ⅳ	Ⅲ
69	上海塘	青阳汇	浙－沪	嘉兴	Ⅳ	Ⅲ	Ⅳ	Ⅳ	Ⅲ
70	广陈塘	小新村	浙－沪	嘉兴	Ⅳ	Ⅲ	Ⅲ	Ⅲ	Ⅲ
71	頔塘	南浔	浙－苏	湖州	Ⅲ	Ⅲ	Ⅱ	Ⅲ	Ⅲ
72	吴淞江	赵屯	苏－沪	苏州	Ⅴ	Ⅳ	Ⅳ	Ⅲ	Ⅲ

6.2 长江流域主要支流水质状况

6.2.1 雅砻江

雅砻江及其支流安宁河共设置4个监测断面（表6-7）。2016—2020年，雅砻江水系各断面水质保持优良。其中，仅雅砻江口断面2016年水质为Ⅲ类，其他断面水质均为Ⅱ类。

表 6-7　2016—2020 年雅砻江及其支流监测断面水质类别

序号	断面名称	所在河流	所在地区	水质类别				
				2016年	2017年	2018年	2019年	2020年
1	雅砻江口	雅砻江	攀枝花	Ⅲ	Ⅱ	Ⅱ	Ⅱ	Ⅱ
2	柏枝	雅砻江	攀枝花	Ⅱ	Ⅱ	Ⅱ	Ⅱ	Ⅱ
3	昔街大桥	安宁河	攀枝花	Ⅱ	Ⅱ	Ⅱ	Ⅱ	Ⅱ
4	阿七大桥	安宁河	凉山	Ⅱ	Ⅱ	Ⅱ	Ⅱ	Ⅱ

a. 2016年

b. 2017年

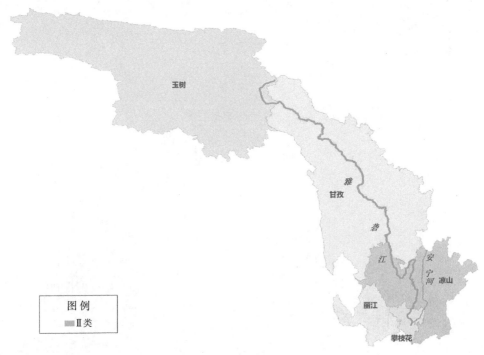

c. 2018年

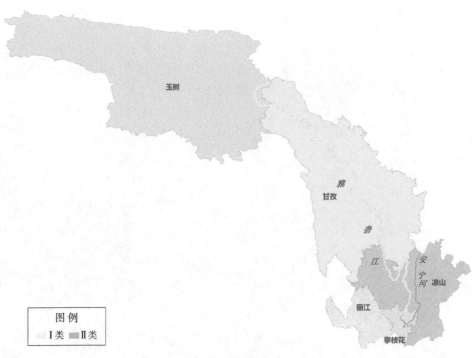

d. 2019年

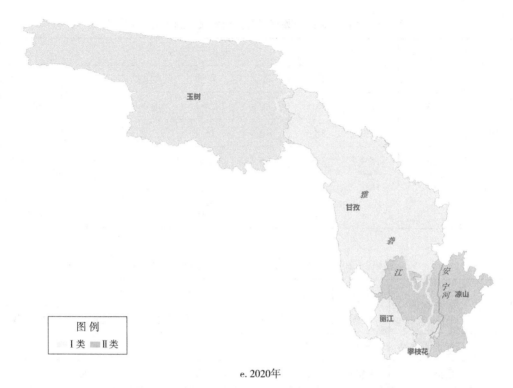

e. 2020年

图 6-12　2016—2020 年长江流域雅砻江及其支流水质状况

6.2.2　岷江

岷江及其支流府河、越溪河、大渡河和马边河共设置 13 个监测断面。2016—2020 年，岷江水质改善较为明显。2016 年岷江水质为轻度污染，2017 年水质好转为良好，2018 年水质进一步好转为优，2018—2020 年连续三年水质保持为优。详见表 6-8、表 6-9、图 6-13。

位于岷江支流府河的黄龙溪断面在 2016 年水质为劣 V 类，到 2020 年水质为Ⅲ类，主要污染指标总磷和氨氮改善效果明显。位于岷江的岳店子下、悦来渡口和彭山岷江大桥断面 2016 年水质均为Ⅳ类，属轻度污染，主要污染指标均为总磷，到 2020 年3 个断面水质分别改善至Ⅱ类、Ⅲ类和Ⅱ类，水质优良。

表 6-8 2016—2020 年岷江及其支流水质类别比例年际变化

年份	监测断面 / 个	断面比例 /%						
		I 类	II 类	III 类	IV 类	V 类	劣 V 类	I ~ III 类
2016	13	0.0	38.5	30.8	23.1	0.0	7.7	69.2
2017	13	0.0	38.5	38.5	15.4	7.7	0.0	76.9
2018	13	15.4	30.8	46.2	7.7	0.0	0.0	92.3
2019	13	16.7	33.3	41.7	8.3	0.0	0.0	91.7
2020	13	30.8	38.5	30.8	0.0	0.0	0.0	100.0

表 6-9 2016—2020 年岷江及其支流监测断面水质类别

序号	断面名称	所在河流	所在地区	水质类别				
				2016 年	2017 年	2018 年	2019 年	2020 年
1	都江堰水文站	岷江	成都	II	II	II	II	I
2	岳店子下	岷江	成都	IV	III	III	III	II
3	月波	岷江	宜宾	III	III	III	III	II
4	悦来渡口	岷江	乐山	IV	IV	III	III	III
5	彭山岷江大桥	岷江	眉山	IV	IV	III	—	II
6	凉姜沟	岷江	宜宾	III	III	III	III	III
7	渭门桥	岷江	阿坝	II	II	I	II	I
8	黄龙溪	府河	成都	劣 V	V	IV	IV	III
9	越溪河两河口	越溪河	自贡	III	III	III	III	III
10	李码头	大渡河	乐山	II	II	II	II	II
11	马边河河口	马边河	乐山	III	III	III	II	II
12	三谷庄	大渡河	雅安	II	II	II	I	I
13	大岗山	大渡河	雅安	II	II	I	I	I

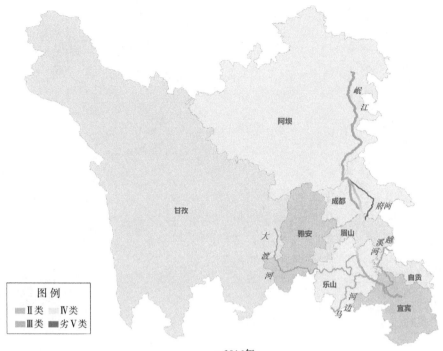

a. 2016年

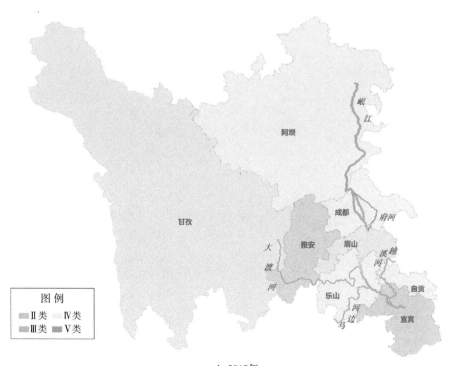

b. 2017年

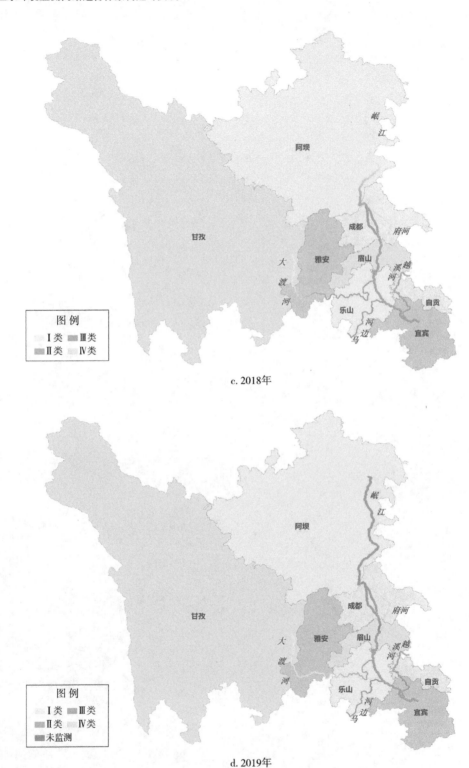

c. 2018年

d. 2019年

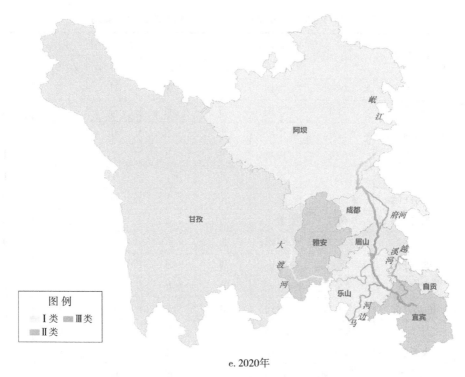

e. 2020年

图 6-13 2016—2020 年岷江及其支流水质状况

6.2.3 乌江

乌江及其支流唐岩河、郁江、大溪河（渝）、芙蓉江、清水河、三岔河、湘江
（黔）、洪渡河、六冲河、石阡河和印江河共设置 25 个监测断面。2016—2020 年，乌
江水质改善较为明显。2016 年和 2017 年，乌江水质良好，2018—2020 年水质好转为
优。详见表 6-10、表 6-11、图 6-14。

表 6-10   2016—2020 年乌江及其支流水质类别比例年际变化

年份	监测断面 /个	断面比例 /%						
		Ⅰ类	Ⅱ类	Ⅲ类	Ⅳ类	Ⅴ类	劣Ⅴ类	Ⅰ～Ⅲ类
2016	25	0.0	60.0	24.0	12.0	4.0	0.0	84.0
2017	25	8.0	48.0	24.0	16.0	4.0	0.0	80.0
2018	25	32.0	28.0	36.0	4.0	0.0	0.0	96.0
2019	25	16.0	56.0	24.0	4.0	0.0	0.0	96.0
2020	25	24.0	64.0	8.0	4.0	0.0	0.0	96.0

表 6-11 2016—2020 年乌江及其支流监测断面水质类别

序号	断面名称	所在河流	所在地区	水质类别				
				2016 年	2017 年	2018 年	2019 年	2020 年
1	万木	乌江	贵州	Ⅲ	Ⅳ	Ⅲ	Ⅲ	Ⅱ
2	锣鹰	乌江	重庆	Ⅲ	Ⅲ	Ⅲ	Ⅲ	Ⅱ
3	白马	乌江	重庆	Ⅲ	Ⅲ	Ⅱ	Ⅱ	Ⅱ
4	大关桥	乌江	贵州	Ⅱ	Ⅱ	Ⅰ	Ⅰ	Ⅰ
5	六广	乌江	贵州	Ⅱ	Ⅰ	Ⅰ	Ⅰ	Ⅰ
6	大乌江镇	乌江	贵州	Ⅳ	Ⅳ	Ⅲ	Ⅲ	Ⅲ
7	沿江渡	乌江	贵州	Ⅳ	Ⅳ	Ⅲ	Ⅲ	Ⅱ
8	乌杨树	乌江	贵州	Ⅲ	Ⅳ	Ⅳ	Ⅱ	Ⅱ
9	鸭江镇	大溪河（渝）	重庆	Ⅳ	Ⅲ	Ⅲ	Ⅱ	Ⅱ
10	江口镇	芙蓉江	贵州	Ⅱ	Ⅱ	Ⅲ	Ⅱ	Ⅱ
11	鱼塘大桥	芙蓉江	贵州	Ⅱ	Ⅰ	Ⅰ	Ⅰ	Ⅰ
12	长脚	洪渡河	贵州	Ⅱ	Ⅱ	Ⅰ	Ⅱ	Ⅱ
13	大桥边	六冲河	贵州	Ⅱ	Ⅱ	Ⅱ	Ⅱ	Ⅱ
14	棉花渡	清水河	贵州	Ⅲ	Ⅲ	Ⅲ	Ⅱ	Ⅱ
15	新庄	清水河	贵州	Ⅴ	Ⅴ	Ⅳ	Ⅳ	Ⅳ
16	龙场	三岔河	贵州	Ⅱ	Ⅱ	Ⅰ	Ⅱ	Ⅰ
17	斯拉河大桥	三岔河	贵州	Ⅱ	Ⅱ	Ⅰ	Ⅰ	Ⅱ
18	关鱼梁	石阡河	贵州	Ⅱ	Ⅲ	Ⅱ	Ⅱ	Ⅱ
19	周家坝	唐岩河	湖北	Ⅱ	Ⅱ	Ⅰ	Ⅱ	Ⅱ
20	红花村	唐岩河	重庆	Ⅱ	Ⅱ	Ⅱ	Ⅱ	Ⅱ
21	打秋坪	湘江（黔）	贵州	Ⅲ	Ⅲ	Ⅲ	Ⅲ	Ⅲ
22	鲤鱼塘	湘江（黔）	贵州	Ⅱ	Ⅱ	Ⅱ	Ⅱ	Ⅱ
23	印江河两河口	印江河	贵州	Ⅱ	Ⅱ	Ⅲ	Ⅱ	Ⅱ
24	长顺乡	郁江	湖北	Ⅱ	Ⅱ	Ⅱ	Ⅱ	Ⅱ
25	郁江桥	郁江	重庆	Ⅱ	Ⅱ	Ⅰ	Ⅱ	Ⅱ

位于乌江的万木和乌杨树 2 个断面在 2017 年水质为Ⅳ类，大乌江镇和沿江渡 2 个断面在 2016—2017 年水质均为Ⅳ类，到 2020 年 4 个断面水质好转为Ⅱ～Ⅲ类，主要污染指标总磷改善效果明显；位于乌江支流大溪河（渝）的鸭江镇断面在 2016 年水质为Ⅳ类，到 2020 年水质好转为Ⅱ类，主要污染指标总磷改善效果明显；位于乌江支流清水河的新庄断面在 2016 年和 2017 年水质为Ⅴ类，到 2020 年水质好转为Ⅳ类，主要污染指标总磷、氨氮、五日生化需氧量和化学需氧量均有所下降。

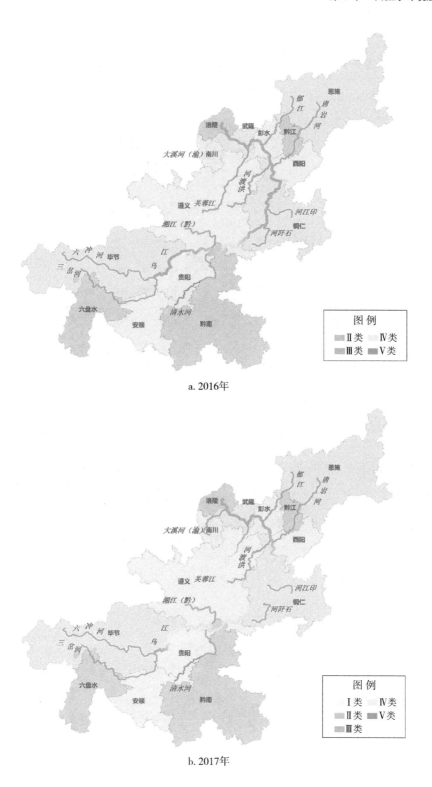

a. 2016年

b. 2017年

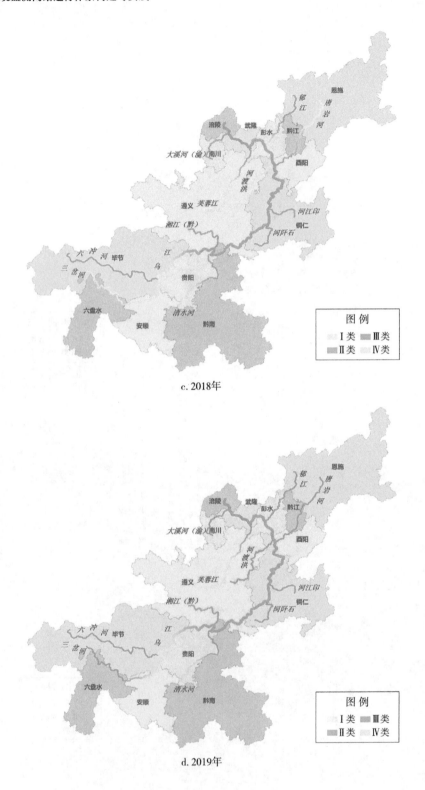

c. 2018年

d. 2019年

e. 2020年

图 6-14 2016—2020 年乌江及其支流水质状况

6.2.4 嘉陵江

嘉陵江及其支流涪江、渠江、白龙江、南河、东河和西河共设置 27 个监测断面。2016—2020 年，嘉陵江水质始终保持为优。2020 年，除升钟水库铁炉寺断面水质为Ⅲ类外，嘉陵江其余断面水质均为Ⅰ类或Ⅱ类。详见表 6-12、表 6-13、图 6-15。

表 6-12 2016—2020 年嘉陵江及其支流监测断面数量和水质类别比例

年份	Ⅰ类		Ⅱ类		Ⅲ类	
	断面数量 / 个	断面比例 /%	断面数量 / 个	断面比例 /%	断面数量 / 个	断面比例 /%
2016	5	18.5	17	63.0	5	18.5
2017	3	11.1	23	85.2	1	3.7
2018	5	18.5	21	77.8	1	3.7
2019	1	3.7	26	96.3	0	0.0
2020	6	22.2	20	74.1	1	3.7

表 6-13 2016—2020 年嘉陵江及其支流监测断面水质类别

序号	断面名称	所在河流	所在地区	水质类别				
				2016 年	2017 年	2018 年	2019 年	2020 年
1	北温泉	嘉陵江	重庆	Ⅱ	Ⅱ	Ⅱ	Ⅱ	Ⅱ
2	金子	嘉陵江	四川	Ⅱ	Ⅱ	Ⅱ	Ⅱ	Ⅱ
3	八庙沟	嘉陵江	陕西	Ⅱ	Ⅱ	Ⅰ	Ⅱ	Ⅰ
4	上石盘	嘉陵江	四川	Ⅱ	Ⅱ	Ⅱ	Ⅱ	Ⅰ
5	金溪电站	嘉陵江	四川	Ⅱ	Ⅱ	Ⅱ	Ⅱ	Ⅱ
6	沙溪	嘉陵江	四川	Ⅱ	Ⅱ	Ⅱ	Ⅱ	Ⅰ
7	烈面	嘉陵江	四川	Ⅱ	Ⅱ	Ⅱ	Ⅱ	Ⅱ
8	黄牛铺	嘉陵江	陕西	Ⅱ	Ⅱ	Ⅱ	Ⅱ	Ⅱ
9	灶火庵	嘉陵江	陕西	Ⅱ	Ⅱ	Ⅱ	Ⅱ	Ⅱ
10	鲁光坪	嘉陵江	陕西	Ⅱ	Ⅱ	Ⅱ	Ⅱ	Ⅱ
11	白水江	嘉陵江	甘肃	Ⅱ	Ⅱ	Ⅱ	Ⅱ	Ⅱ
12	太和	涪江	重庆	Ⅲ	Ⅱ	Ⅱ	Ⅱ	Ⅱ
13	官渡	渠江	重庆	Ⅲ	Ⅱ	Ⅱ	Ⅱ	Ⅱ
14	玉溪	涪江	四川	Ⅱ	Ⅱ	Ⅱ	Ⅱ	Ⅱ
15	渠江码头	渠江	四川	Ⅱ	Ⅱ	Ⅱ	Ⅱ	Ⅱ
16	平武水文站	涪江	四川	Ⅰ	Ⅰ	Ⅰ	Ⅰ	Ⅰ
17	百顷	涪江	四川	Ⅲ	Ⅱ	Ⅱ	Ⅱ	Ⅱ
18	丰谷	涪江	四川	Ⅲ	Ⅲ	Ⅱ	Ⅱ	Ⅱ
19	福田坝	涪江	四川	Ⅱ	Ⅱ	Ⅱ	Ⅱ	Ⅱ
20	姚渡	白龙江	甘肃	Ⅰ	Ⅰ	Ⅰ	Ⅱ	Ⅱ
21	苴国村	白龙江	四川	Ⅰ	Ⅰ	Ⅰ	Ⅱ	Ⅰ
22	南渡	南河	四川	Ⅱ	Ⅱ	Ⅱ	Ⅱ	Ⅰ
23	清泉乡	东河	四川	Ⅱ	Ⅱ	Ⅱ	Ⅱ	Ⅱ
24	升钟水库铁炉寺	西河	四川	Ⅱ	Ⅱ	Ⅲ	Ⅱ	Ⅲ
25	团堡岭	渠江	四川	Ⅲ	Ⅱ	Ⅱ	Ⅱ	Ⅱ
26	固水子村	白龙江	甘肃	Ⅰ	Ⅱ	Ⅱ	Ⅱ	Ⅱ
27	两水桥	白龙江	甘肃	Ⅰ	Ⅱ	Ⅰ	Ⅱ	Ⅱ

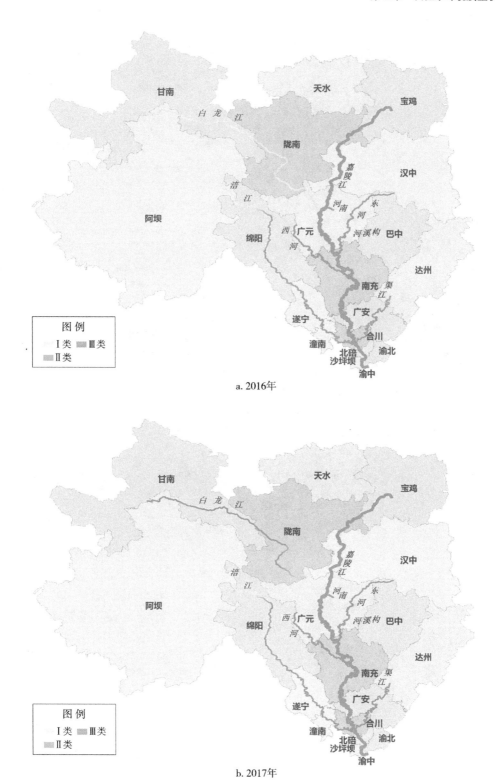

a. 2016年

b. 2017年

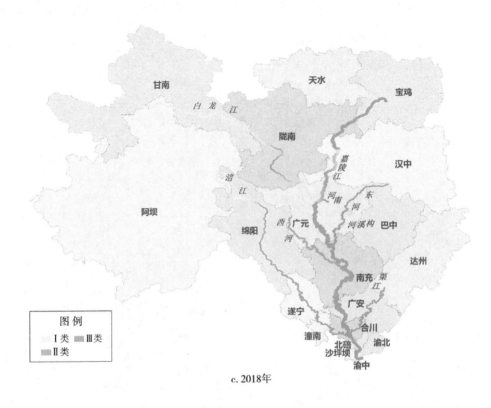

c. 2018年

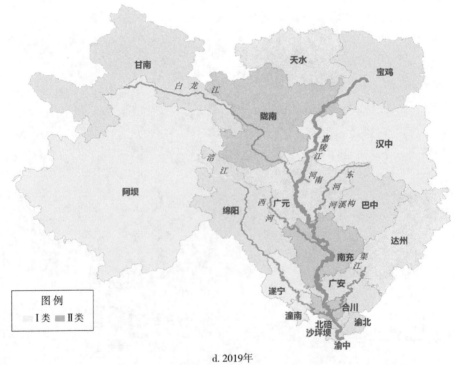

d. 2019年

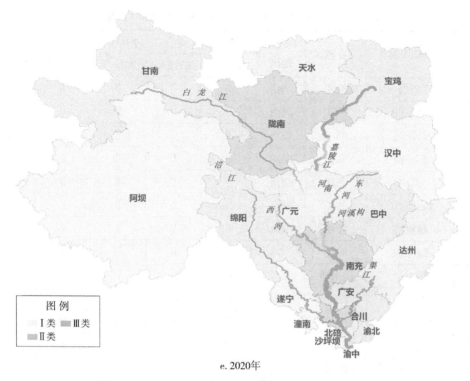

e. 2020年

图 6-15 2016—2020 年嘉陵江及其支流水质状况示意图

6.2.5 湘江

湘江及其支流萍水河、捞刀河、浏阳河、沩水、渌水、涟水、蒸水、舂陵水、耒水、洣水和潇水共设置 25 个监测断面。2016—2020 年，湘江水质改善较为明显。除 2017 年水质为良好外，2018—2020 年连续三年水质保持为优。详见表 6-14、表 6-15、图 6-16。

表 6-14 2016—2020 年湘江及其支流水质类别比例年际变化

年份	监测断面 / 个	断面比例 /%						
		Ⅰ类	Ⅱ类	Ⅲ类	Ⅳ类	Ⅴ类	劣Ⅴ类	Ⅰ～Ⅲ类
2016	25	0.0	72.0	24.0	0.0	4.0	0.0	96.0
2017	25	0.0	72.0	16.0	8.0	4.0	0.0	88.0
2018	25	0.0	68.0	24.0	4.0	4.0	0.0	92.0
2019	25	0.0	68.0	24.0	8.0	0.0	0.0	92.0
2020	25	0.0	84.0	16.0	0.0	0.0	0.0	100.0

表 6-15 2016—2020 年湘江及其支流监测断面水质类别

序号	断面名称	所在河流	所在地区	水质类别				
				2016 年	2017 年	2018 年	2019 年	2020 年
1	昭山	湘江	湖南	Ⅱ	Ⅱ	Ⅱ	Ⅱ	Ⅱ
2	橘子洲	湘江	湖南	Ⅱ	Ⅱ	Ⅱ	Ⅱ	Ⅱ
3	马家河	湘江	湖南	Ⅱ	Ⅱ	Ⅱ	Ⅱ	Ⅱ
4	归阳镇	湘江	湖南	Ⅱ	Ⅱ	Ⅱ	Ⅱ	Ⅱ
5	熬洲	湘江	湖南	Ⅱ	Ⅱ	Ⅱ	Ⅱ	Ⅱ
6	城北水厂	湘江	湖南	Ⅱ	Ⅱ	Ⅱ	Ⅱ	Ⅱ
7	樟树港	湘江	湖南	Ⅱ	Ⅱ	Ⅱ	Ⅱ	Ⅱ
8	绿埠头	湘江	广西	Ⅱ	Ⅱ	Ⅱ	Ⅱ	Ⅱ
9	桐车湾	萍水河	江西	Ⅲ	Ⅳ	Ⅴ	Ⅳ	Ⅲ
10	金鱼石	萍水河	江西	Ⅱ	Ⅲ	Ⅲ	Ⅲ	Ⅲ
11	捞刀河口	捞刀河	湖南	Ⅲ	Ⅲ	Ⅲ	Ⅲ	Ⅲ
12	三角洲	浏阳河	湖南	Ⅴ	Ⅳ	Ⅲ	Ⅲ	Ⅲ
13	胜利	沩水	湖南	Ⅲ	Ⅴ	Ⅳ	Ⅲ	Ⅱ
14	渌水入河口	渌水	湖南	Ⅲ	Ⅱ	Ⅱ	Ⅲ	Ⅱ
15	涟水入河口	涟水	湖南	Ⅱ	Ⅱ	Ⅲ	Ⅱ	Ⅱ
16	西阳渡口	涟水	湖南	Ⅲ	Ⅲ	Ⅲ	Ⅲ	Ⅱ
17	联江村	蒸水	湖南	Ⅱ	Ⅱ	Ⅱ	Ⅱ	Ⅱ
18	春陵水入湘江口	春陵水	湖南	Ⅱ	Ⅱ	Ⅱ	Ⅱ	Ⅱ
19	耒水入湘江口	耒水	湖南	Ⅱ	Ⅱ	Ⅱ	Ⅱ	Ⅱ
20	大河滩	耒水	湖南	Ⅱ	Ⅱ	Ⅱ	Ⅱ	Ⅱ
21	草市镇	洣水	湖南	Ⅱ	Ⅱ	Ⅱ	Ⅱ	Ⅱ
22	洣水入湘江口	洣水	湖南	Ⅱ	Ⅱ	Ⅱ	Ⅱ	Ⅱ
23	蒸水入湘江口	蒸水	湖南	Ⅲ	Ⅲ	Ⅲ	Ⅳ	Ⅲ
24	双牌水库	潇水	湖南	Ⅱ	Ⅱ	Ⅱ	Ⅱ	Ⅱ
25	诸葛庙	潇水	湖南	Ⅱ	Ⅱ	Ⅱ	Ⅱ	Ⅱ

　　位于湘江支流萍水河的桐车湾、浏阳河的三角洲、沩水的胜利和蒸水的蒸水入湘江口 4 个断面在 2016—2019 年水质出现过Ⅳ类或Ⅴ类，到 2020 年 4 个断面水质分别改善至Ⅲ类、Ⅲ类、Ⅱ类和Ⅲ类。

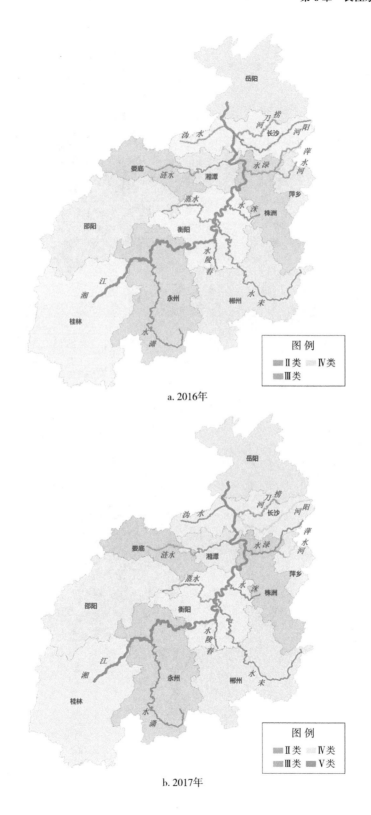

a. 2016年

b. 2017年

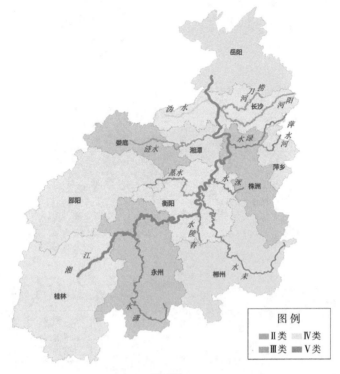

c. 2018年

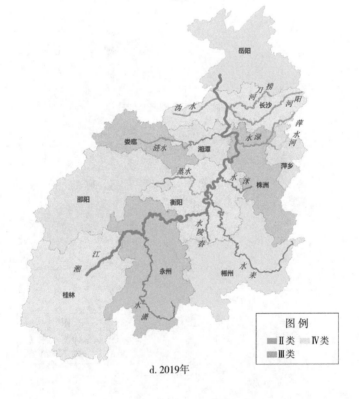

d. 2019年

e. 2020年

图 6-16　2016—2020 年湘江及其支流水质状况

6.2.6　沅江

沅江及其支流酉水、巫水、清水江、辰水、渠水、舞水和武水共设置 23 个监测断面。2016—2020 年，沅江水系各断面水质保持优良。其中，仅清水江旁海断面 2016 年和 2017 年水质为Ⅲ类，其他断面水质为Ⅰ类或Ⅱ类。详见表 6-16、表 6-17、图 6-17。

表 6-16　2016—2020 年沅江及其支流水质类别比例年际变化

年份	Ⅰ类		Ⅱ类		Ⅲ类	
	监测断面 / 个	断面比例 /%	监测断面 / 个	断面比例 /%	监测断面 / 个	断面比例 /%
2016	0	0.0	22	95.7	1	4.3
2017	0	0.0	22	95.7	1	4.3
2018	1	4.3	22	95.7	0	0.0
2019	0	0.0	23	100.0	0	0.0
2020	0	0.0	23	100.0	0	0.0

表 6-17   2016—2020 年沅江及其支流监测断面水质类别

序号	断面名称	所在河流	所在地区	水质类别				
				2016 年	2017 年	2018 年	2019 年	2020 年
1	坡头	沅江	湖南	Ⅱ	Ⅱ	Ⅱ	Ⅱ	Ⅱ
2	陈家河（四水厂）	沅江	湖南	Ⅱ	Ⅱ	Ⅱ	Ⅱ	Ⅱ
3	五强溪	沅江	湖南	Ⅱ	Ⅱ	Ⅱ	Ⅱ	Ⅱ
4	萝卜湾	沅江	湖南	Ⅱ	Ⅱ	Ⅱ	Ⅱ	Ⅱ
5	侯家淇	沅江	湖南	Ⅱ	Ⅱ	Ⅱ	Ⅱ	Ⅱ
6	浦市上游	沅江	湖南	Ⅱ	Ⅱ	Ⅱ	Ⅱ	Ⅱ
7	武水汇合口	沅江	湖南	Ⅱ	Ⅱ	Ⅱ	Ⅱ	Ⅱ
8	百福司镇	酉水	湖北	Ⅱ	Ⅱ	Ⅰ	Ⅱ	Ⅱ
9	绥宁河口镇	巫水	湖南	Ⅱ	Ⅱ	Ⅱ	Ⅱ	Ⅱ
10	金紫	清水江	贵州	Ⅱ	Ⅱ	Ⅱ	Ⅱ	Ⅱ
11	铜信溪电站	辰水	贵州	Ⅱ	Ⅱ	Ⅱ	Ⅱ	Ⅱ
12	地阳坪公路大桥	渠水	贵州	Ⅱ	Ⅱ	Ⅱ	Ⅱ	Ⅱ
13	托口渠水	渠水	湖南	Ⅱ	Ⅱ	Ⅱ	Ⅱ	Ⅱ
14	舞水入河口（黔城二水厂）	舞水	湖南	Ⅱ	Ⅱ	Ⅱ	Ⅱ	Ⅱ
15	鱼市	舞水	贵州	Ⅱ	Ⅱ	Ⅱ	Ⅱ	Ⅱ
16	溪子口	酉水	湖南	Ⅱ	Ⅱ	Ⅱ	Ⅱ	Ⅱ
17	里耶镇	酉水	重庆	Ⅱ	Ⅱ	Ⅱ	Ⅱ	Ⅱ
18	河溪水文站	武水	湖南	Ⅱ	Ⅱ	Ⅱ	Ⅱ	Ⅱ
19	江口	酉水	湖南	Ⅱ	Ⅱ	Ⅱ	Ⅱ	Ⅱ
20	凤滩水库	酉水	湖南	Ⅱ	Ⅱ	Ⅱ	Ⅱ	Ⅱ
21	玉屏	舞水	贵州	Ⅱ	Ⅱ	Ⅱ	Ⅱ	Ⅱ
22	旁海	清水江	贵州	Ⅲ	Ⅲ	Ⅱ	Ⅱ	Ⅱ
23	兴仁桥	清水江	贵州	Ⅱ	Ⅱ	Ⅱ	Ⅱ	Ⅱ

a. 2016年

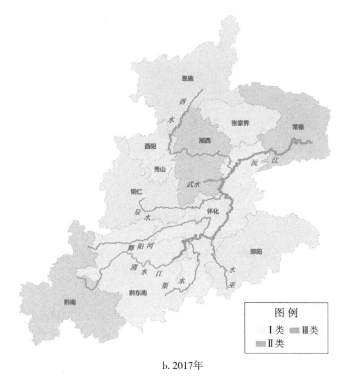

b. 2017年

c. 2018年

d. 2019年

e. 2020年

图 6-17　2016—2020 年沅江及其支流水质状况

6.2.7　汉江

汉江及其支流金钱河、天河、堵河、官山河、浪河、剑河、神定河、泗河、唐白河、北河、蛮河、南河、竹皮河、汉北河和任河共设置 39 个监测断面。2016—2020 年，汉江水质改善较为明显。2016—2019 年，汉江水质为良好，2020 年水质好转为优。详见表 6-18、表 6-19、图 6-18。

位于汉江支流剑河的剑河口断面在 2016 年和 2017 年水质为Ⅳ类，到 2020 年水质为Ⅲ类，主要污染指标化学需氧量改善效果明显；位于汉江支流神定河的神定河口和泗河的泗河口 2 个断面在 2016—2019 年水质为劣Ⅴ类，到 2020 年水质改善至Ⅳ类；位于汉江支流唐白河的张湾、北河的聂家滩和汉北河的新沟闸 3 个断面在 2016—2019 年水质出现过Ⅳ类，到 2020 年水质分别改善至Ⅲ类、Ⅱ类和Ⅲ类；位于汉江支流竹皮河的马良龚家湾断面 2016 年和 2017 年水质为劣Ⅴ类，到 2020 年水质改善至Ⅳ类。

表 6-18　2016—2020 年汉江及其支流水质类别比例年际变化

年份	监测断面 /个	断面比例 /%						
		Ⅰ类	Ⅱ类	Ⅲ类	Ⅳ类	Ⅴ类	劣Ⅴ类	Ⅰ～Ⅲ类
2016	39	2.6	74.4	10.3	5.1	0.0	7.7	87.2
2017	39	5.1	74.4	7.7	5.1	0.0	7.7	87.2
2018	39	5.1	74.4	10.3	5.1	0.0	5.1	89.7
2019	39	5.1	76.9	7.7	2.6	2.6	5.1	89.7
2020	39	12.8	69.2	10.3	7.7	0.0	0.0	92.3

表 6-19　2016—2020 年汉江及其支流监测断面水质类别

序号	断面名称	所在河流	所在地区	水质类别				
				2016 年	2017 年	2018 年	2019 年	2020 年
1	宗关	汉江	湖北	Ⅱ	Ⅱ	Ⅱ	Ⅱ	Ⅲ
2	陈家坡	汉江	湖北	Ⅱ	Ⅱ	Ⅱ	Ⅱ	Ⅱ
3	羊尾	汉江	陕西	Ⅱ	Ⅱ	Ⅱ	Ⅱ	Ⅱ
4	白家湾	汉江	湖北	Ⅱ	Ⅱ	Ⅱ	Ⅱ	Ⅱ
5	余家湖	汉江	湖北	Ⅱ	Ⅱ	Ⅱ	Ⅱ	Ⅱ
6	沈湾	汉江	湖北	Ⅱ	Ⅱ	Ⅱ	Ⅱ	Ⅱ
7	转斗	汉江	湖北	Ⅱ	Ⅱ	Ⅱ	Ⅱ	Ⅱ
8	罗汉闸	汉江	湖北	Ⅱ	Ⅱ	Ⅱ	Ⅱ	Ⅱ
9	皇庄	汉江	湖北	Ⅱ	Ⅱ	Ⅱ	Ⅱ	Ⅱ
10	小河	汉江	湖北	Ⅱ	Ⅱ	Ⅱ	Ⅱ	Ⅱ
11	汉南村	汉江	湖北	Ⅱ	Ⅱ	Ⅱ	Ⅱ	Ⅱ
12	岳口	汉江	湖北	Ⅱ	Ⅱ	Ⅱ	Ⅱ	Ⅱ
13	黄金峡	汉江	陕西	Ⅱ	Ⅱ	Ⅱ	Ⅱ	Ⅱ
14	烈金坝	汉江	陕西	Ⅰ	Ⅰ	Ⅰ	Ⅱ	Ⅲ
15	南柳渡	汉江	陕西	Ⅱ	Ⅱ	Ⅱ	Ⅱ	Ⅱ
16	梁西渡	汉江	陕西	Ⅱ	Ⅱ	Ⅱ	Ⅱ	Ⅱ
17	小钢桥	汉江	陕西	Ⅱ	Ⅱ	Ⅱ	Ⅱ	Ⅱ
18	老君关	汉江	陕西	Ⅱ	Ⅱ	Ⅱ	Ⅱ	Ⅱ
19	夹河口	金钱河	湖北	Ⅱ	Ⅱ	Ⅱ	Ⅰ	Ⅰ

序号	断面名称	所在河流	所在地区	水质类别				
				2016 年	2017 年	2018 年	2019 年	2020 年
20	天河口	天河	湖北	Ⅱ	Ⅱ	Ⅱ	Ⅲ	Ⅱ
21	焦家院	堵河	湖北	Ⅱ	Ⅱ	Ⅱ	Ⅱ	Ⅰ
22	孙家湾	官山河	湖北	Ⅲ	Ⅱ	Ⅲ	Ⅱ	Ⅱ
23	浪河口	浪河	湖北	Ⅱ	Ⅱ	Ⅱ	Ⅱ	Ⅱ
24	南江河出陕界	堵河	陕西	Ⅱ	Ⅱ	Ⅱ	Ⅱ	Ⅰ
25	潘口水库坝上	堵河	湖北	Ⅱ	Ⅰ	Ⅰ	Ⅰ	Ⅰ
26	剑河口	剑河	湖北	Ⅳ	Ⅳ	Ⅱ	Ⅱ	Ⅲ
27	玉皇滩	金钱河	陕西	Ⅱ	Ⅱ	Ⅱ	Ⅱ	Ⅰ
28	神定河口	神定河	湖北	劣Ⅴ	劣Ⅴ	劣Ⅴ	劣Ⅴ	Ⅳ
29	泗河口	泗河	湖北	劣Ⅴ	劣Ⅴ	劣Ⅴ	劣Ⅴ	Ⅳ
30	张湾	唐白河	湖北	Ⅲ	Ⅲ	Ⅳ	Ⅱ	Ⅲ
31	聂家滩	北河	湖北	Ⅱ	Ⅱ	Ⅱ	Ⅳ	Ⅱ
32	朱市	蛮河	湖北	Ⅲ	Ⅲ	Ⅲ	Ⅲ	Ⅱ
33	茶庵	南河	湖北	Ⅱ	Ⅱ	Ⅱ	Ⅱ	Ⅱ
34	马兰河口	南河	湖北	Ⅱ	Ⅱ	Ⅱ	Ⅱ	Ⅱ
35	马良龚家湾	竹皮河	湖北	劣Ⅴ	劣Ⅴ	Ⅳ	Ⅴ	Ⅳ
36	垌冢桥	汉北河	湖北	Ⅲ	Ⅲ	Ⅲ	Ⅱ	Ⅱ
37	新沟闸	汉北河	湖北	Ⅳ	Ⅳ	Ⅲ	Ⅲ	Ⅲ
38	阳日湾	南河	湖北	Ⅱ	Ⅱ	Ⅱ	Ⅱ	Ⅱ
39	水寨子	任河	重庆	Ⅱ	Ⅱ	Ⅱ	Ⅱ	Ⅱ

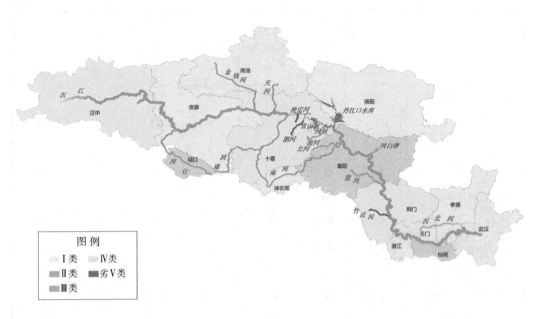

a. 2016年

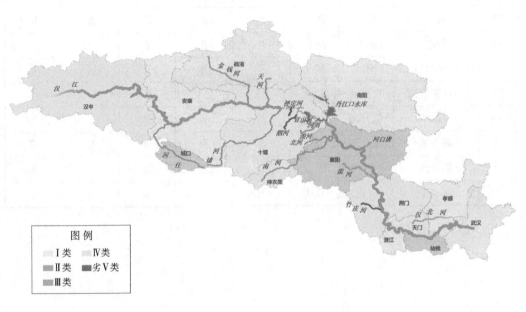

b. 2017年

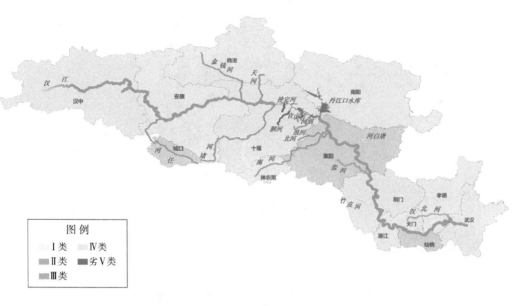

c. 2018年

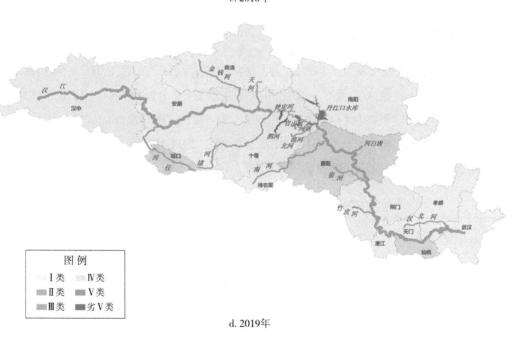

d. 2019年

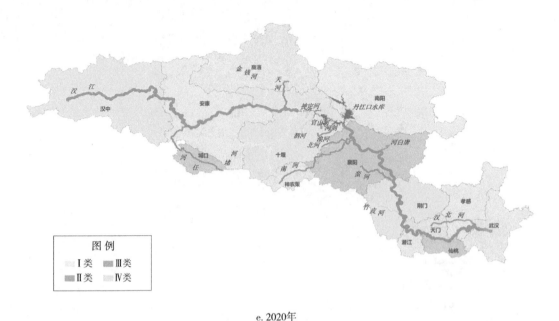

e. 2020年

图 6-18 2016—2020 年汉江及其支流水质状况

6.2.8 赣江

赣江及其支流赣江南支、赣江北支、赣江中支、乌江、梅江、锦江、遂川江、袁水、蜀水、肖江、章水、禾水、桃江和孤江共设置 29 个监测断面。2016—2020 年，赣江水系各断面水质保持优良。详见表 6-20、表 6-21、图 6-20。

位于赣江支流袁水的宜春彬江（洋江）断面在 2017 年水质为 Ⅳ 类，到 2020 年改善至 Ⅱ 类，主要污染指标总磷改善效果明显。

表 6-20 2016—2020 年赣江及其支流水质类别比例年际变化

年份	监测断面 / 个	断面比例 /%						
		Ⅰ类	Ⅱ类	Ⅲ类	Ⅳ类	Ⅴ类	劣Ⅴ类	Ⅰ～Ⅲ类
2016	29	0.0	86.2	13.8	0.0	0.0	0.0	100.0
2017	29	0.0	65.5	31.0	3.4	0.0	0.0	96.6
2018	29	0.0	72.4	27.6	0.0	0.0	0.0	100.0
2019	29	0.0	82.8	17.2	0.0	0.0	0.0	100.0
2020	29	0.0	93.1	6.9	0.0	0.0	0.0	100.0

表 6-21　2016—2020 年赣江及其支流监测断面水质类别

序号	断面名称	所在河流	所在地区	水质类别				
				2016 年	2017 年	2018 年	2019 年	2020 年
1	吴城赣江	赣江	江西	Ⅱ	Ⅱ	Ⅱ	Ⅱ	Ⅱ
2	生米	赣江	江西	Ⅱ	Ⅱ	Ⅱ	Ⅱ	Ⅱ
3	昌邑	赣江	江西	Ⅱ	Ⅱ	Ⅱ	Ⅱ	Ⅱ
4	新庙前	赣江	江西	Ⅱ	Ⅲ	Ⅲ	Ⅱ	Ⅱ
5	通津	赣江	江西	Ⅱ	Ⅱ	Ⅱ	Ⅱ	Ⅱ
6	金滩	赣江	江西	Ⅱ	Ⅱ	Ⅱ	Ⅱ	Ⅱ
7	大洋洲	赣江	江西	Ⅱ	Ⅱ	Ⅱ	Ⅱ	Ⅱ
8	丰城小港口	赣江	江西	Ⅱ	Ⅱ	Ⅱ	Ⅱ	Ⅱ
9	滁槎	赣江南支	江西	Ⅱ	Ⅲ	Ⅲ	Ⅲ	Ⅱ
10	大港	赣江北支	江西	Ⅱ	Ⅲ	Ⅲ	Ⅱ	Ⅱ
11	周坊	赣江中支	江西	Ⅱ	Ⅲ	Ⅲ	Ⅱ	Ⅱ
12	乌江江口	乌江	江西	Ⅱ	Ⅱ	Ⅱ	Ⅱ	Ⅱ
13	梅江江口	梅江	江西	Ⅱ	Ⅱ	Ⅱ	Ⅱ	Ⅱ
14	高安市青州村	锦江	江西	Ⅲ	Ⅲ	Ⅲ	Ⅲ	Ⅲ
15	良田村	锦江	江西	Ⅲ	Ⅲ	Ⅲ	Ⅲ	Ⅱ
16	遂川江江口	遂川江	江西	Ⅱ	Ⅱ	Ⅱ	Ⅱ	Ⅱ
17	棚下（杨村）	袁水	江西	Ⅱ	Ⅱ	Ⅲ	Ⅱ	Ⅱ
18	罗坊	袁水	江西	Ⅱ	Ⅲ	Ⅱ	Ⅱ	Ⅱ
19	浮桥	袁水	江西	Ⅱ	Ⅲ	Ⅱ	Ⅱ	Ⅱ
20	宜春彬江（洋江）	袁水	江西	Ⅲ	Ⅳ	Ⅲ	Ⅱ	Ⅱ
21	蜀水河口	蜀水	江西	Ⅱ	Ⅱ	Ⅱ	Ⅱ	Ⅱ
22	肖江江口	肖江	江西	Ⅲ	Ⅲ	Ⅲ	Ⅲ	Ⅲ
23	市自来水厂	章水	江西	Ⅱ	Ⅱ	Ⅱ	Ⅱ	Ⅱ
24	大余城郊	章水	江西	Ⅱ	Ⅱ	Ⅱ	Ⅱ	Ⅱ
25	龙山口	禾水	江西	Ⅱ	Ⅱ	Ⅱ	Ⅱ	Ⅱ
26	禾水河口	禾水	江西	Ⅱ	Ⅱ	Ⅱ	Ⅱ	Ⅱ
27	龙南自来水厂	桃江	江西	Ⅱ	Ⅱ	Ⅱ	Ⅱ	Ⅱ
28	桃江江口	桃江	江西	Ⅱ	Ⅱ	Ⅱ	Ⅱ	Ⅱ
29	孤江江口	孤江	江西	Ⅱ	Ⅱ	Ⅱ	Ⅱ	Ⅱ

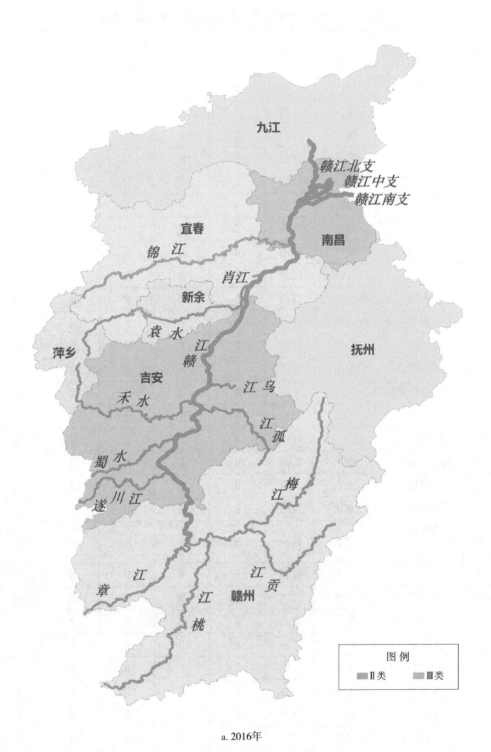

a. 2016年

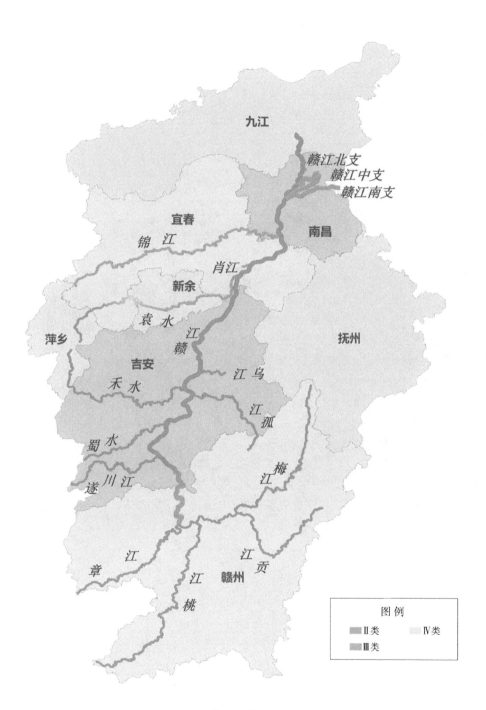

b. 2017年

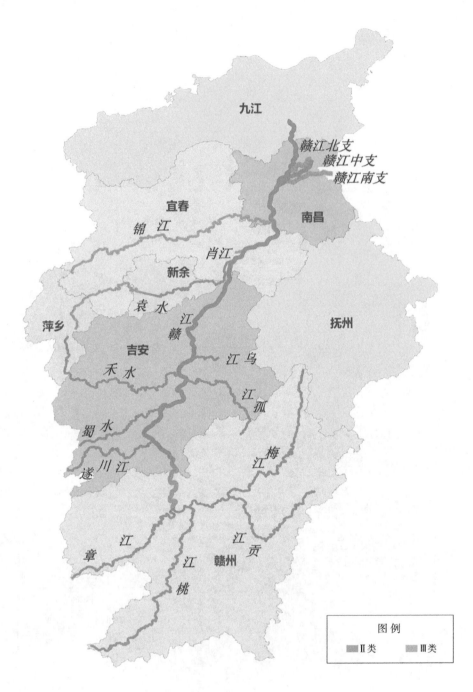

c. 2018年

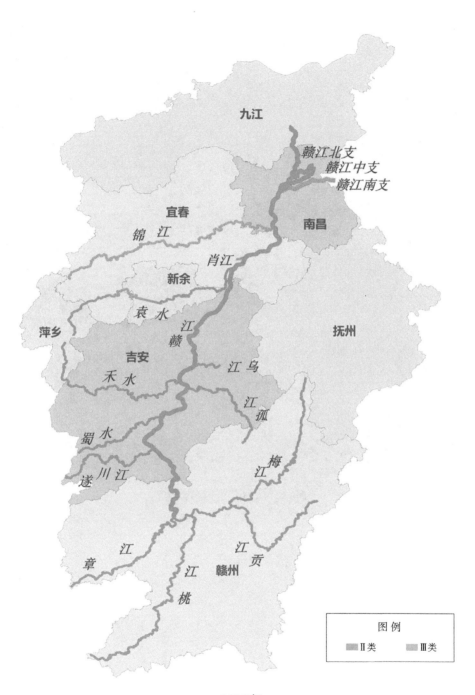

d. 2019年

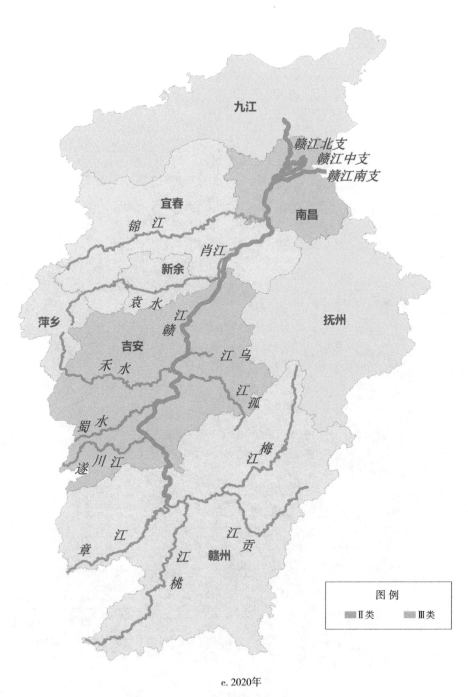

e. 2020年

图 6-19   2016—2020 年赣江及其支流水质状况

6.3 长江流域主要湖库水质状况

6.3.1 太湖

2016—2020 年，太湖水质类别保持在 Ⅳ 类，属轻度污染，主要污染指标为总磷；太湖综合营养状态指数在 54.9～57.2 波动，整体呈先上升后下降的趋势，均处于轻度富营养状态。与 2016 年相比，太湖 2020 年水质和营养状态均无明显变化。详见图 6-20、表 6-22、图 6-21。

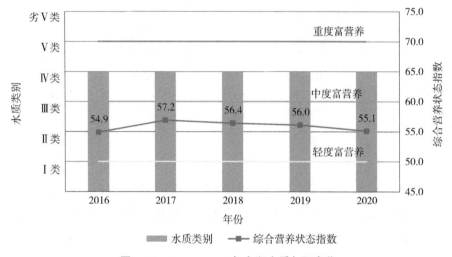

图 6-20　2016—2020 年太湖水质年际变化

表 6-22　2016—2020 年太湖综合营养状态指数年际变化

年份	水质类别	主要污染指标（超标倍数）	综合营养状态指数	营养状态
2016	Ⅳ	总磷（0.3）	54.9	轻度富营养
2017	Ⅳ	总磷（0.8）	57.2	轻度富营养
2018	Ⅳ	总磷（0.8）	56.4	轻度富营养
2019	Ⅳ	总磷（0.6）	56.0	轻度富营养
2020	Ⅳ	总磷（0.5）	55.1	轻度富营养

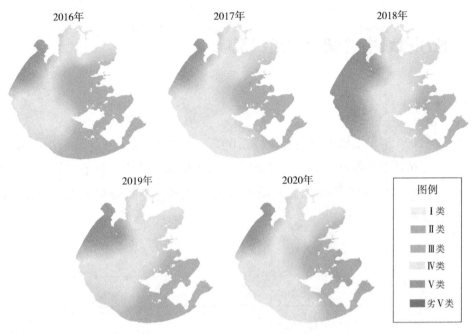

图 6-21   2016—2020 年太湖水质状况

6.3.2   巢湖

2016—2020 年，巢湖水质类别在Ⅳ～Ⅴ类波动，其中 2017—2018 年巢湖水质有所恶化，属中度污染，2016 年、2019 年和 2020 年水质均属轻度污染，主要污染指标为总磷；巢湖综合营养状态指数在 54.9～56.6 波动，均处于轻度富营养状态。与 2016 年相比，巢湖 2020 年水质和营养状态均无明显变化。详见图 6-22、表 6-23、图 6-23。

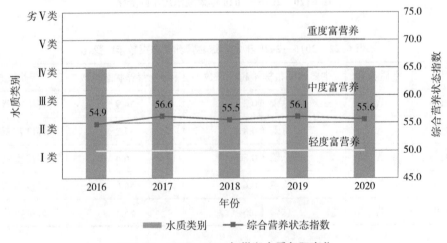

图 6-22   2016—2020 年巢湖水质年际变化

表 6-23 2016—2020 年巢湖综合营养状态指数年际变化

年份	水质类别	主要污染指标（超标倍数）	综合营养状态指数	营养状态
2016	Ⅳ	总磷（0.8）	54.9	轻度富营养
2017	Ⅴ	总磷（1.4）	56.6	轻度富营养
2018	Ⅴ	总磷（1.0）	55.5	轻度富营养
2019	Ⅳ	总磷（0.6）	56.1	轻度富营养
2020	Ⅳ	总磷（0.3）	55.6	轻度富营养

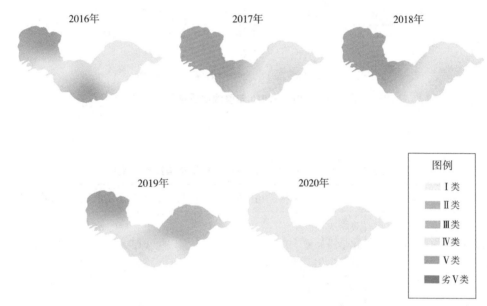

图 6-23 2016—2020 年长江流域巢湖水质状况

6.3.3 滇池

2016—2020 年滇池水质类别在Ⅳ～劣Ⅴ类波动，2016 年滇池水质为中度污染，2017 年水质恶化至重度污染，2018—2020 年水质改善至轻度污染，主要污染指标为总磷、化学需氧量和五日生化需氧量；滇池综合营养状态指数在 57.6～64.2 波动，呈先升后降再升的变化趋势，除 2018 年和 2019 年为轻度富营养状态外，其余年份均为中度富营养状态。与 2016 年相比，滇池 2020 年水质有所好转，营养状态无明显变化。详见图 6-24、表 6-24、图 6-25。

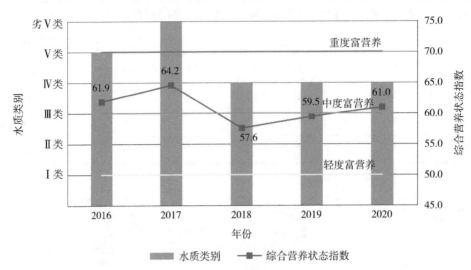

图 6-24　2016—2020 年滇池水质年际变化

表 6-24　2016—2020 年滇池综合营养状态指数年际变化

年份	水质类别	主要污染指标（超标倍数）	综合营养状态指数	营养状态
2016	V	总磷（1.0） 化学需氧量（0.7） 五日生化需氧量（0.1）	61.9	中度富营养
2017	劣V	化学需氧量（1.0） 总磷（1.7） 五日生化需氧量（0.1）	64.2	中度富营养
2018	IV	化学需氧量（0.4） 总磷（0.4）	57.6	轻度富营养
2019	IV	化学需氧量（0.4） 总磷（0.4）	59.5	轻度富营养
2020	IV	化学需氧量（0.5） 总磷（0.3）	61.0	中度富营养

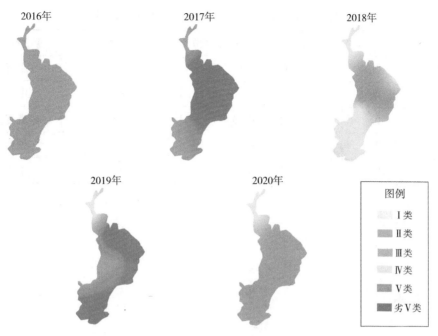

图例
　　Ⅰ类
　　Ⅱ类
　　Ⅲ类
　　Ⅳ类
　　Ⅴ类
　　劣Ⅴ类

图 6-25　2016—2020 年长江流域滇池水质状况

6.3.4　鄱阳湖

2016—2020 年，鄱阳湖水质类别保持在Ⅳ类，属于轻度污染，主要污染指标为总磷；鄱阳湖综合营养状态指数在 47.8～50.8 波动，呈先升后降的变化趋势，除 2018 年处于轻度富营养状态外，在其他年份均处于中营养状态。与 2016 年相比，鄱阳湖 2020 年水质和营养状态均无明显变化。详见图 6-26、表 6-25、图 6-27。

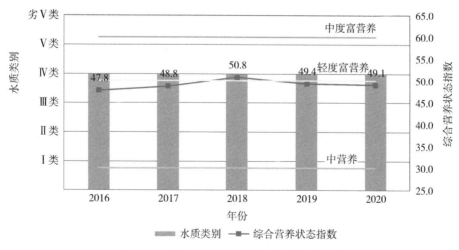

图 6-26　2016—2020 年鄱阳湖水质年际变化

表 6-25 2016—2020 年鄱阳湖综合营养状态指数年际变化

年份	水质类别	主要污染指标（超标倍数）	综合营养状态指数	营养状态
2016	IV	总磷（0.4）	47.8	中营养
2017	IV	总磷（0.6）	48.8	中营养
2018	IV	总磷（0.6）	50.8	轻度富营养
2019	IV	总磷（0.4）	49.4	中营养
2020	IV	总磷（0.2）	49.1	中营养

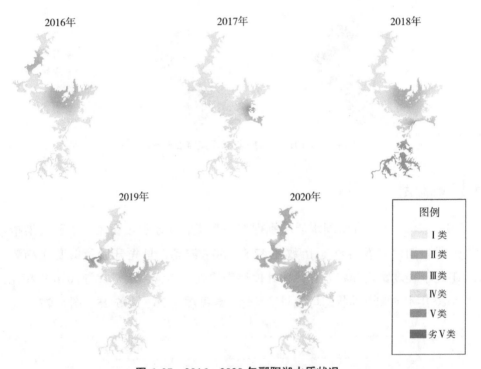

图 6-27 2016—2020 年鄱阳湖水质状况

6.3.5 洞庭湖

2016—2020 年洞庭湖水质类别保持在 IV 类，属轻度污染，主要污染指标为总磷；洞庭湖综合营养状态指数在 46.3～48.7 波动，呈先升后降再升的变化趋势，均处于中营养状态。与 2016 年相比，洞庭湖 2020 年水质和营养状态均无明显变化。详见图 6-28、表 6-26、图 6-29。

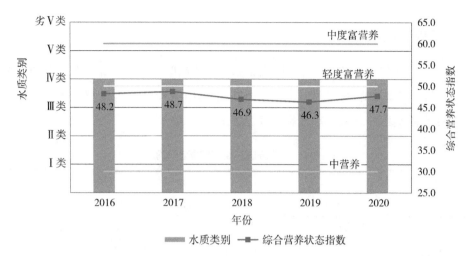

图 6-28 2016—2020 年洞庭湖水质年际变化

表 6-26 2016—2020 年洞庭湖综合营养状态指数年际变化

年份	水质类别	主要污染指标（超标倍数）	综合营养状态指数	营养状态
2016	IV	总磷（0.7）	48.2	中营养
2017	IV	总磷（0.6）	48.7	中营养
2018	IV	总磷（0.4）	46.9	中营养
2019	IV	总磷（0.3）	46.3	中营养
2020	IV	总磷（0.2）	47.7	中营养

图 6-29 2016—2020 年洞庭湖水质状况

6.3.6　三峡库区

2016—2020 年，三峡库区 10 个断面水质类别为Ⅱ ~ Ⅲ类，始终保持优良，其中，仅江津大桥、苏家、晒网坝和白帝城 4 个断面在 2016 年水质为Ⅲ类，2017—2020 年，10 个断面水质类别始终保持在Ⅱ类。详见表 6-27、图 6-30。

表 6-27　长江流域三峡库区断面水质类别

序号	河流名称	断面名称	所在地区	水质类别				
				2016 年	2017 年	2018 年	2019 年	2020 年
1	长江	江津大桥	江津	Ⅲ	Ⅱ	Ⅱ	Ⅱ	Ⅱ
2	长江	丰收坝	大渡口	Ⅱ	Ⅱ	Ⅱ	Ⅱ	Ⅱ
3	长江	和尚山	九龙坡	Ⅱ	Ⅱ	Ⅱ	Ⅱ	Ⅱ
4	长江	寸滩	江北	Ⅱ	Ⅱ	Ⅱ	Ⅱ	Ⅱ
5	长江	清溪场	涪陵	Ⅱ	Ⅱ	Ⅱ	Ⅱ	Ⅱ
6	长江	苏家	忠县	Ⅲ	Ⅱ	Ⅱ	Ⅱ	Ⅱ
7	长江	晒网坝	万州	Ⅲ	Ⅱ	Ⅱ	Ⅱ	Ⅱ
8	长江	白帝城	奉节	Ⅲ	Ⅱ	Ⅱ	Ⅱ	Ⅱ
9	长江	巫峡口	恩施	Ⅱ	Ⅱ	Ⅱ	Ⅱ	Ⅱ
10	长江	黄腊石	恩施	Ⅱ	Ⅱ	Ⅱ	Ⅱ	Ⅱ

a. 2016年

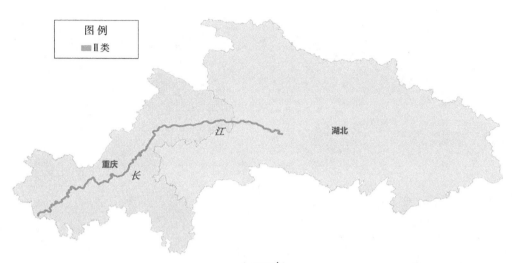

b. 2017年

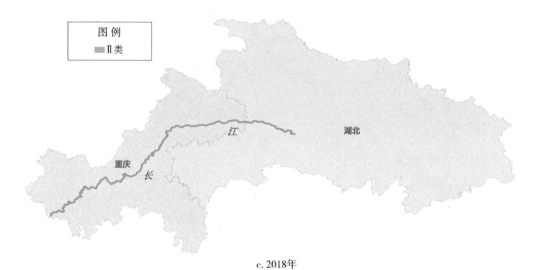

c. 2018年

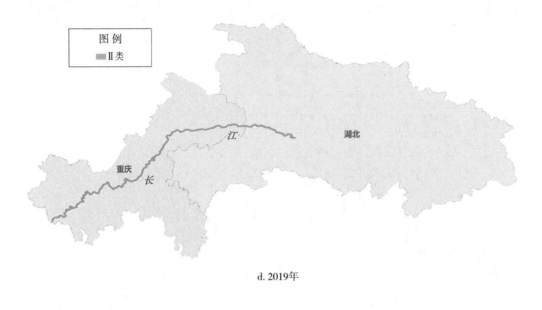

d. 2019年

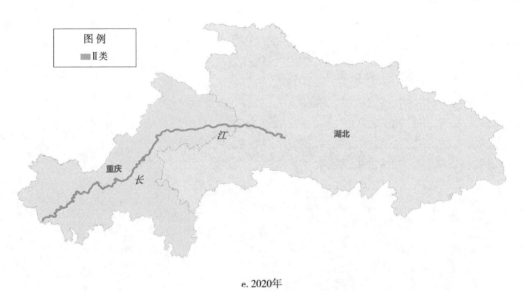

e. 2020年

图 6-30 2016—2020 年三峡库区水质状况

6.3.7 丹江口水库

2016—2020 年，丹江口水库水质类别稳定在Ⅱ类，水质状况为优；丹江口水库综合营养状态指数为 32.4～33.9，始终处于中营养状态。与 2016 年相比，丹江口水库 2020 年水质和营养状态均无明显变化。详见图 6-31、表 6-28、图 6-32。

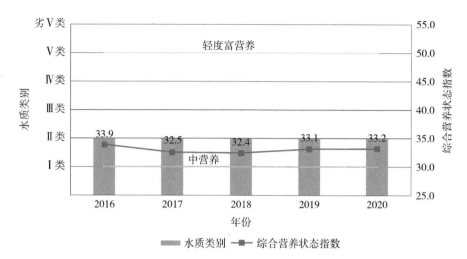

图 6-31　2016—2020 年丹江口水库水质年际变化

表 6-28　2016—2020 年丹江口水库综合营养状态指数年际变化

年份	水质类别	主要污染指标（超标倍数）	综合营养状态指数	营养状态
2016	Ⅱ	—	33.9	中营养
2017	Ⅱ	—	32.5	中营养
2018	Ⅱ	—	32.4	中营养
2019	Ⅱ	—	33.1	中营养
2020	Ⅱ	—	33.2	中营养

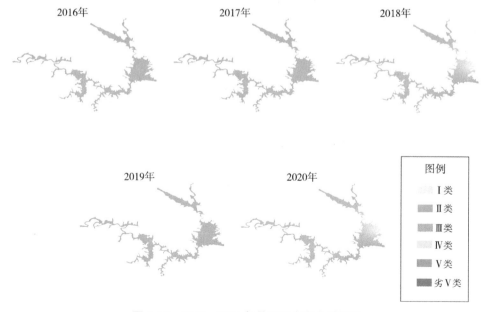

图 6-32　2016—2020 年丹江口水库水质状况